EXPERIMENTAL
FLUID MECHANICS

流体力学实验

第2版

U0198086

主　编　闻建龙

参　编　王贞涛　王晓英

江苏大学出版社
JIANGSU UNIVERSITY PRESS

镇 江

图书在版编目(CIP)数据

流体力学实验 / 闻建龙主编. —2 版. —镇江:
江苏大学出版社,2018.7(2025.1 重印)
 ISBN 978-7-5684-0885-1

Ⅰ.①流… Ⅱ.①闻… Ⅲ.①流体力学 – 实验 – 高等
学校 – 教材 Ⅳ.①O35-33

中国版本图书馆 CIP 数据核字(2018)第 150568 号

流体力学实验(第 2 版)
Liuti Lixue Shiyan(Di 2 Ban)

主　　编/闻建龙
责任编辑/李经晶
出版发行/江苏大学出版社
地　　址/江苏省镇江市京口区学府路 301 号(邮编:212013)
电　　话/0511-84446464(传真)
网　　址/http://press.ujs.edu.cn
排　　版/镇江文苑制版印刷有限责任公司
印　　刷/苏州市古得堡数码印刷有限公司
开　　本/787 mm×1 092 mm　1/16
印　　张/9
字　　数/196 千字
版　　次/2010 年 8 月第 1 版　　2018 年 7 月第 2 版
印　　次/2025 年 1 月第 2 版第 5 次印刷,累计第 12 次印刷
书　　号/ISBN 978-7-5684-0885-1
定　　价/30.00 元

如有印装质量问题请与本社营销部联系(电话:0511-84440882)

前　言

　　流体力学是高等院校理工学科的一门重要的技术基础课，它以水、空气为主要对象研究流体运动的规律以及流体与固体边界的相互作用。

　　理论分析、实验研究和数值计算是流体力学的研究方法。实验在流体力学教学中占有重要地位，是课程中一个不可缺少的重要教学环节。实验教学的目的：

　　1. 在实验中观察流动现象，增强感性认识，巩固理论知识的学习。

　　2. 通过实验验证所学流体力学原理，提高理论分析的能力。

　　3. 学会测量流动参数和使用基本仪器，掌握一定的实验技能，了解现代流动量测技术。

　　4. 培养分析实验数据、整理实验成果和编写实验报告的能力。

　　本书是流体力学的实验教材，内容包括流动参数测量、流动显示技术、演示类实验、操作验证类实验、综合设计类实验等。

　　实验的总体要求：

　　1. 实验前预习，了解实验目的、实验原理、实验设备、实验步骤、实验数据记录与计算、思考题等。

　　2. 开始实验前，要先对照实物了解仪器设备的使用方法，明确实验步骤，做好实验前的准备工作，然后再进行操作。

　　3. 同组成员应互相配合、细心操作，仔细观察流动现象，认真进行数据的测量、记录和整理，及时发现明显不合理的数据，检查原因，保证测量精度。

　　4. 爱护仪器设备，实验完毕后，关闭电源开关，将仪器设备恢复原状。

　　5. 实验报告应书写工整，图表清晰，结果正确。

　　本书由闻建龙主编，书中第一章、第二章、第四章由闻建龙编写，第三章由王贞涛编写，第五章由王晓英编写。

编　者

2018 年 5 月

目 录

第五章　综合设计类实验 / 113

第一章

流动参数测量

本章首先介绍流体压强、速度、流量等流动参数的测量方法。如直接应用流体力学基本原理的测压管、U 形管、毕托管、文丘里管等；利用电学、光学原理的压力传感器、热线测速仪、激光测速仪等。最后简要介绍低速风洞。

第一节　压　强　测　量

压强测量是流体力学实验中最基本的测量，其测量工具通常分为两类：一是液柱式测压计，如单管测压计、U 形管测压计、微压计和多管测压计等；二是由对压力敏感的固体元件构成的测压计，如压力表、压力传感器等；三是测压探针，如静压探针、总压探针等。

一、液柱式测压计

（一）单管测压计

当测量液体压强时，将一根上端敞口的细玻璃管接到被测位置上，该细管即构成单管测压计，如图 1-1a 所示。在 A 点压强的作用下，液体在细管中上升高度为 h，该点的压强为 $p = \rho g h$。

当测量负压气体时，可将测压管倒置插入液体中，液体被吸入细管内，细管内液面上升高度为 h_v，则真空度为 $p_v = \rho g h_v$，如图 1-1b 所示。为了减小毛细管现象的影响，玻璃管内径应不小于 10 mm。

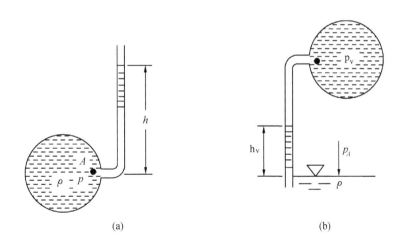

(a)　　　　　　　　　　　(b)

图 1-1　单管测压计

（二）U 形管测压计

U 形管测压计是一根 U 形玻璃管，一端连接在被测点处，另一端开口通大气。玻璃管中装有工作介质，其颜色应与被测液体不同，且不能与被测液体相混，一般选用酒精或水银。如图 1-2a 所示，点 A 的压强为 $p_A = \rho_2 g h_2 - \rho_1 g h_1$。

U 形管测压计也用于测量两点间的压差，如图 1-2b 所示。U 形管两端分别连接管道中的 A，B 两点，则 A，B 两点的压差为 $p_A - p_B = (\rho_2 - \rho_1) g h$。

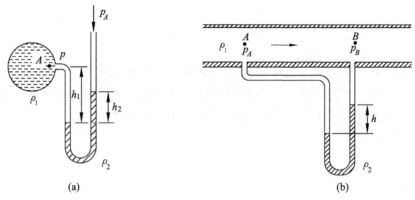

(a)　　　　　　　　　　　　　　(b)

图 1-2　U 形管测压计

（三）微压计

对于微小压强的测量，为提高精度常采用倾斜式微压计，如图 1-3 所示。

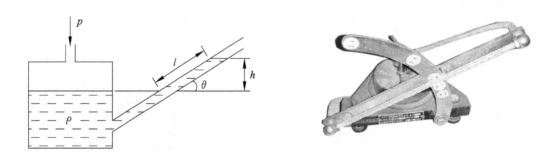

图 1-3　倾斜式微压计

测量的压强为 $p = \rho g l \sin\theta = \rho g h$。读数值 l 与 h 相比，放大倍数为 $1/\sin\theta$，从而能提高测量精度，实现微压测量，工作介质常采用酒精。

在实验中经常要测量很多点的压强，如圆柱表面压强分布测量等，需采用多管测压计，多管测压计的原理与倾斜式微压计相同。

二、压敏元件测压计

（一）波尔登压力表

波尔登压力表又称弹簧管压力表，属于机械式压力计，主要用于测量静压强。图 1-4 为波尔登压力表的结构示意图，其压敏元件是一根弯曲的具有弹性的薄壁扁形金属管，称为波尔登管或弹簧管。当管内充满有压流体时，波尔登管向外张开，端部发生位移，带动传动机构使指针偏转，在表盘上指示压强读数。

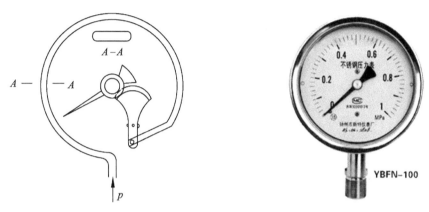

图 1-4　波尔登压力表

（二）压力传感器

在很多实际问题中，压强往往不是一个恒定的数值，而是一个随时间变化的动态量。要测量这些变化迅速的动态压强（如脉冲压强、冲击压强等），必须把弹性敏感元件感受到的压强信号用压力传感器转换为电信号。常见的压力传感器有电阻式、应变式、电感式、电容式、压阻式、压电式等多种形式。

三、测压探针

（一）静压测量

测量管道壁面的静压强时，在壁面上开垂直小孔（见图 1-5），把该点的静压强

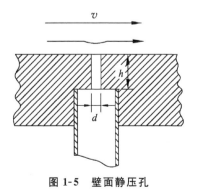

图 1-5　壁面静压孔

引出进行测量。通常取小孔直径 $d=0.5\sim1.0$ mm，孔深度 $h>3d$，测压孔轴与壁面垂直，孔内壁光滑、孔口无毛刺。

利用静压探针（静压管）测量运动流体中的静压强。图 1-6 为 L 形静压探针，前端封闭且呈半球形，在离端部一定距离的管壁上，沿圆周等间距开 4～8 个小孔，小孔的轴线与管轴线垂直。测量时静压探针对准来流方向，轴线与来流的夹角应小于 5°，以保证精度。

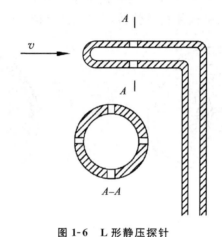

图 1-6　L 形静压探针

（二）总压测量

总压也称驻点压强，即流动受到滞止、速度降为零的点压强。利用总压探针（总压管）来测量总压，L 形总压探针是使用最广泛、结构最简单的总压探针（见图 1-7）。测量时总压探针对准来流方向，轴线与来流的夹角应小于 5°，以保证精度。

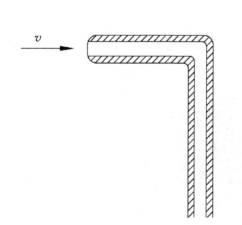

图 1-7　L 形总压探针

第二节　速　度　测　量

最普通的测量流体速度的方法是示踪法，如根据水面上漂浮物的移动速度求得水流速度，空气中可根据气球的运动判断流速的大小和方向。

（一）风速杯

定量测量风速的常用仪器是风速杯，风速杯测得的速度可在测速表上读出，风向由风速杯顶端的方向标给出，如图 1-8 所示。

图 1-8　风速杯

（二）螺旋桨测速仪

螺旋桨测速仪的桨叶可以正反转，分别指示正反方向的流速。在其尾端安装有导流板，像方向标那样与流动方向保持一致，目的是使桨叶正对流动方向，如图 1-9 所示。类似的装置用于水中称为水翼测速仪。

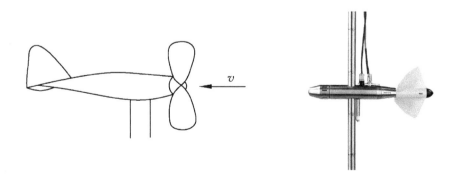

图 1-9　螺旋桨测速仪

（三）毕托管

毕托管是实验室最常用的测量点流速的仪器，由总压管和静压管组合而成的测速探头，如图 1-10 所示。测量流速时，将毕托管的轴线对准流速方向。由测得的总压强 p_0 和静压强 p 求得流速为

$$v = c_v \sqrt{\frac{2(p_0 - p)}{\rho}} \tag{1-1}$$

式中：ρ 为流体的密度；

c_v 为毕托管校正系数，$c_v \approx 1.0$。

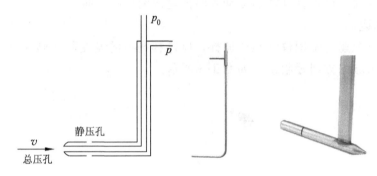

图 1-10　毕托管

（四）方向探头

能测量出来流方向的探头称为方向探头。常用的探头为图 1-11a 所示的五孔球形探头，半球形的头部按十字形分布开有 5 个测压孔。上下两个测压孔（1，3）用来测量在垂直平面内的流动方向与探头轴线之间的夹角，左右两个测压孔（4，5）用来测量在水平平面内的流动方向与探头轴线之间的夹角。每个孔均有导管将压强引出。除了五孔球形探头外，七孔锥形探头也应用较多，如图 1-11b 所示。

(a)

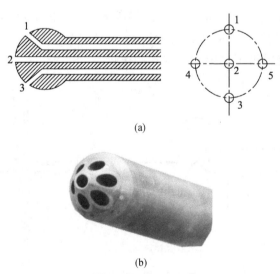

(b)

图 1-11　方向探头

第三节 流 量 测 量

流量测量有直接测量法和间接测量法两种。直接测量法是用标准容积和标准时间测量出某一时间间隔内流过的流体体积,求出单位时间内的平均流量,这种测量方法常用于校验流量计。间接测量法是先通过测量与流量有对应关系的物理量,按对应关系求出流量。下面介绍几种常用的流量计。

(一)容积式流量计

容积式流量计是把被测流体用一个精密的计量容积进行连续计量的一种流量计,属于直接测量型流量计。根据标准容器的形状及连续测量的方式不同,容积式流量计有椭圆齿轮流量计(见图1-12)、罗茨流量计和齿轮马达流量计等。

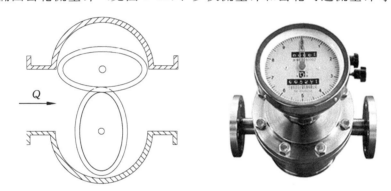

图 1-12 椭圆齿轮流量计

(二)差压式流量计

差压式流量计是以被测流体流经节流装置所产生的压差来测量流量的一种流量计,常用的有文丘里流量计、孔板流量计等。

1. 文丘里流量计

文丘里流量计由收缩段、喉管和扩散段三部分组成,如图1-13所示。在收缩段进口断面和喉管断面处接压差计。流量计算公式为

$$Q = \mu \frac{A_2}{\sqrt{1 - \left(\dfrac{A_2}{A_1}\right)^2}} \sqrt{\frac{2g\ (\rho' - \rho)\ h}{\rho}} \tag{1-2}$$

式中:μ 为文丘里流量计的流量系数,由实验标定;

　　　A_1 为收缩段进口断面面积;

　　　A_2 为喉管断面面积。

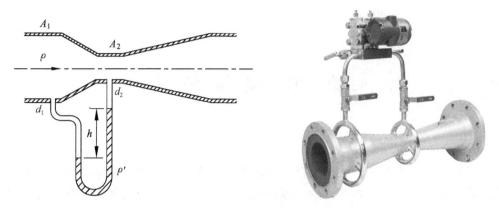

图 1-13　文丘里流量计

标准文丘里流量计取 $d_2/d_1=0.5$，扩散角取 $5°\sim7°$。安装时文丘里流量计上下游直管段长度分别为 10 倍、6 倍管径。

2. 孔板流量计

孔板流量计如图 1-14 所示，流量计算公式为

$$Q=\mu v_2 A_2=\mu \varepsilon v_2 A=\mu \frac{\varepsilon A}{\sqrt{1-\left(\dfrac{\varepsilon A}{A_1}\right)^2}} \sqrt{\frac{2g\ (\rho'-\rho)\ h}{\rho}}$$

式中：A_1 为管道断面面积；

　　　A 为孔板的孔面积；

　　　A_2 为孔板后最小收缩断面面积（$A_2=\varepsilon A$）；

　　　ε 为孔板收缩系数；

　　　μ 为孔板流量计的流量系数，由实验标定。

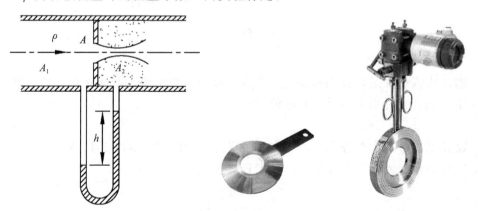

图 1-14　孔板流量计

由于孔板水流收缩急剧、紊动混掺强烈，能量损失较大，因而孔板的流量系数较小。孔板流量计安装时前后直管段长度与文丘里流量计相同。

（三）转子流量计

转子流量计主要由一个锥形管和可以上下自由移动的转子组成，如图 1-15 所

示。流量计两端用法兰垂直安装在测量管路中，使流体自下而上地流过流量计推动转子。在稳定情况下，转子悬浮的高度与通过的流量之间有一定的比例关系，根据转子的位置直接读出通过的流量。

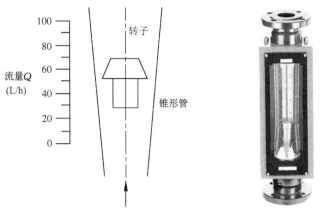

图 1-15　转子流量计

（四）量水堰（堰式流量计）

在明渠流动中常用量水堰进行流量测量。测量原理：根据堰上水头与流量之间存在一定的关系，通过实验找出这一关系，在实际应用时只要测得堰上水头就可计算出流量。量测堰板上游的水头为 H 时，测针应安装在堰板上游 $5H$ 的远处。

根据堰口形状的不同，量水堰可分为矩形堰、梯形堰、三角形堰三种，如图 1-16（a）（b）（c）所示；堰流示意如图 1-16（d）所示。

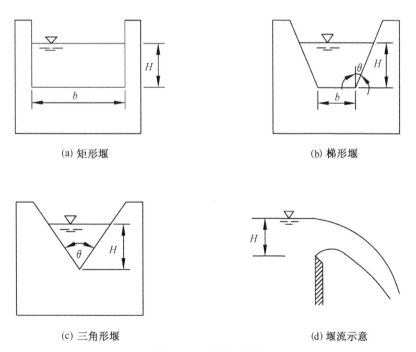

(a) 矩形堰　　　　　　　　　　　　　　(b) 梯形堰

(c) 三角形堰　　　　　　　　　　　　　(d) 堰流示意

图 1-16　堰式流量计

矩形堰、梯形堰的流量公式为

$$Q = m\sqrt{2g}\,bH^{1.5} \tag{1-3}$$

式中：Q 为过堰流量；

　　　H 为堰上水头；

　　　b 为堰宽；

　　　m 为流量系数，由实验测定，也可由经验公式计算。

常用的直角三角形堰（$\theta = 90°$）的流量公式为

$$Q = mH^{2.5} \tag{1-4}$$

三角形堰在测量小流量时精度较高。

（五）涡轮流量计

涡轮流量计是将涡轮置于被测流体中，利用流体流动的动压使涡轮转动，涡轮的旋转速度与平均流速大致成正比，涡轮的旋转采用非接触磁电式传感器测出，如图 1-17 所示。由涡轮的转速求得瞬时流量，由涡轮转数的累计值求得累积流量。

图 1-17　涡轮流量计

（六）电磁流量计

电磁流量计是根据法拉第电磁感应定律制成的一种测量导电液体体积流量的仪表，如图 1-18 所示。

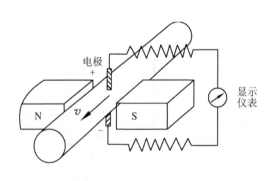

图 1-18　电磁流量计

根据法拉第定律，导电流体所产生的感应电动势为

$$E = DBv \qquad (1\text{-}5)$$

式中：E 为感应电压；

$\qquad$ D 为测量管内径；

$\qquad$ B 为磁感应强度；

$\qquad$ v 为流体的平均流速。

由于流体的平均流速与体积流量成比例，只要测出感应电压，即可求得流量。

（七）涡街流量计

在流体中放入一个非流线型对称形状的物体，在其下游会出现很有规律的旋涡列，称为卡门涡街（见图 1-19）。

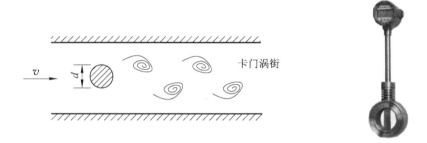

图 1-19　涡街流量计

当涡街稳定时，涡街发生频率（单侧）和流速之间有如下关系：

$$f = Sr \frac{v}{d} \qquad (1\text{-}6)$$

式中：f 为频率；

$\qquad$ v 为流速；

$\qquad$ d 为旋涡发生体宽度；

$\qquad$ Sr 为斯特劳哈尔数。

由式（1-6）可知，流速与频率成正比，测出旋涡的发生频率可求得流量。涡街频率可以通过检测流场内局部速度或压强的变化得到。

第四节　现代流动量测技术

流体力学中的现代流动量测技术有热线流速仪、激光多普勒测速技术、粒子图像测速技术和相位多普勒测速技术等。

一、热线流速仪

热线流速仪是利用高温物体在流体中散热速度与运动速度有关这一物理效应来测量流速的。其传感器可以做得很小，对被测流场干扰小，空间分辨率高，响应时间短，因此在流动测量中得到广泛应用，特别适用于测量湍流和低雷诺数流动的场合。

热线流速仪基本原理是将一根细的金属丝放在流体中，通电流加热金属丝使其温度高于流体的温度，因此将金属丝称为热线。当流体沿垂直方向流过金属丝时，将带走金属丝的一部分热量，使金属丝温度下降。通过测量热线两端的电压可确定流速，热线的输出电压 U 与流体速度 v 之间的关系为

$$U^2 = A + B\sqrt{v} \tag{1-7}$$

式中：U 为热线的输出电压；

v 为流体速度；

A，B 为与热线的电阻温度等有关的物理常数。

如图 1-20 所示，热线探头是用一根很细的金属丝（热线）作为探头的感受元件，热线两端焊在不锈钢叉杆上，在叉杆的另一端引出。叉杆装入保护套中，并在其间充填绝缘材料构成热线探头。常用的金属丝直径为 2.5～5 μm，长为 2 mm。

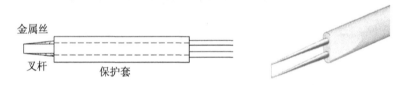

图 1-20　热线探头

图 1-21 所示为热线流速仪测量汽车空调出口处的速度分布。

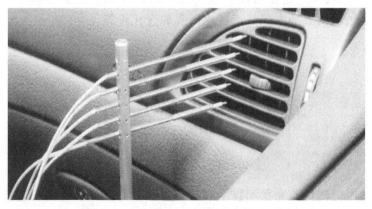

图 1-21　汽车空调出口处的速度分布测量

二、激光多普勒测速技术

激光多普勒测速技术是用激光作光源，基本原理是将激光束穿透流体照射在随流体一起运动的微粒上，检测微粒散射光的频率，根据光学多普勒效应确定微粒（流体）的速度。

图 1-22 为多普勒频移示意图，设固定激光器发出的入射光（单色光）频率为 f_0，激光束照射到随流体一起运动的微粒 P 上，微粒成为一个散射中心。由于微粒与光源存在相对速度 v，微粒散射光与入射光发生第一次频移。若用固定的光接收器接收微粒散射光，由于微粒与接收器之间存在相对速度 $-v$，接收器接收到的频率 f_s 是微粒散射光发生第二次频移后的频率。从入射光到接收器接收到的散射光之间的总频移 $f_D = f_0 - f_s$ 称为多普勒频移。多普勒频移与微粒速度存在比例关系

$$v = k f_D \tag{1-8}$$

式中：k 为由测速仪光学系统和微粒运动方向决定的常数。

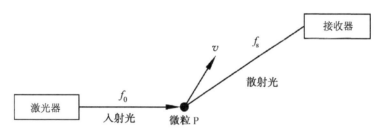

图 1-22　多普勒频移示意图

三、粒子图像测速技术

粒子图像测速技术（PIV）是光学测速技术的一种，它能获得视场内某一瞬时整个流动的信息。PIV 装置如图 1-23 所示。

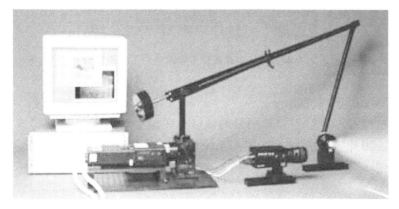

图 1-23　PIV 装置

（一）PIV 基本原理

PIV 测速的基本原理如图 1-24 所示，通过测量某时间间隔内示踪粒子移动的距离来测量粒子的平均速度。

脉冲激光束经柱面镜和球面镜后形成很薄的片光源。在 t_1，t_2 时刻的流动平面上，用垂直放置的照相机记录流面上粒子的图像。对比两张照片，识别出同一粒子在两张照片上的位置，则 Δt 时段粒子移动的平均速度为

$$v_x = \frac{\Delta x}{\Delta t}, \quad v_y = \frac{\Delta y}{\Delta t} \tag{1-9}$$

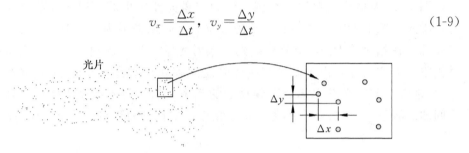

图 1-24　PIV 测速的基本原理

对流面上所有粒子进行识别、测量和计算，得到整个流面上的速度分布，这就是 PIV 的基本工作原理。图 1-25 为用 PIV 测得的圆柱起动流场的速度矢量图，每个箭头代表该点的瞬时速度矢量，箭头大小表示速度大小、箭头方向表示速度方向，从图中可清楚看到流场中形成的旋涡。

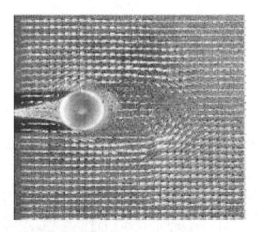

图 1-25　PIV 测量圆柱起动流场的速度矢量图

（二）PIV 系统的组成

PIV 测速包括 3 个过程，即图像的拍摄、图像的分析并从中获得速度信息、速度场的显示。因此 PIV 系统由 3 个子系统组成：成像系统、分析显示系统和同步控制系统（见图 1-26）。

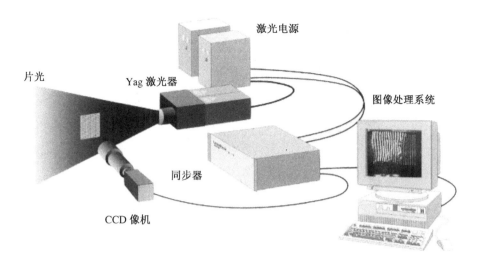

图 1-26　PIV 系统的组成

四、相位多普勒测速技术

1982 年开发出的相位多普勒粒子分析仪（PDPA），能同时测量粒子的速度和直径，经过 30 多年的发展和完善，相位多普勒粒子分析仪已日渐成熟，成为公认的同时测量球形粒子尺寸和速度的标准方法。图 1-27 为 PDPA 的实物照片。

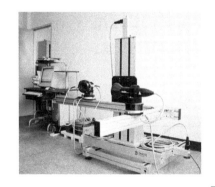 

图 1-27　PDPA 装置

在 PDPA 系统中，激光束被分成两束等强度的光，然后用一个发射透镜使这两束光聚焦。穿过焦点的粒子散射光被接收器接收，在接收器上设一接收孔，以使穿过焦点处粒子的散射光照射到探测器上，用两个探测器同时测量粒子的大小和速度。图 1-28 为 PDPA 应用于消防喷头水雾化粒径和流场的测量。

图 1-28　消防喷头水雾化粒径和流场的 PDPA 测量

第五节　低速风洞

产生人工气流的特殊管道称为风洞。在这个管道中速度最大、最均匀的一段称为风洞的实验段。按实验段中气流速度的大小可分为：低速风洞（气流的马赫数 $Ma \leqslant 0.3$）、亚声速风洞（$0.3 < Ma < 0.8$）、跨声速风洞（$0.8 \leqslant Ma \leqslant 1.5$）、超声速风洞（$1.5 < Ma \leqslant 4.5$）和高超声速风洞（$Ma > 4.5$）。本节对低速风洞做简要介绍。

低速风洞的基本形式有两种：直流式和回流式；按照实验段结构的不同，又分为开口风洞、闭口风洞。图 1-29、图 1-30 为低速风洞最常见的形式。

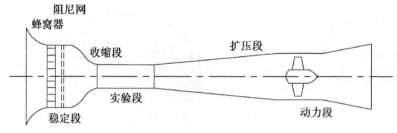

图 1-29　闭口直流式低速风洞示意图

低速风洞按功能分类：二元风洞、三元风洞、低湍流度风洞、变密度风洞、尾旋风洞、阵风风洞、自由飞风洞、结构风洞、垂直-短距起落实验风洞等。各种低速风洞的主要组成和工作原理基本相同。现以单回路式风洞（见图 1-30）为例，对风洞各部件和功用做简单介绍。

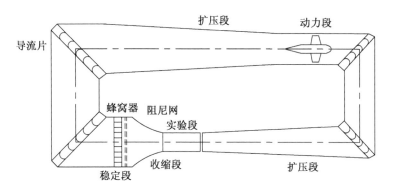

图 1-30　单回路式闭口风洞示意图

（一）实验段

实验段是整个风洞的核心，是风洞安放模型进行空气动力实验的地方。要求实验段的气流稳定、速度大小和方向在空间分布均匀、湍流度低、静压梯度低，气流方向与风洞轴线之间偏角尽可能小，使装卸模型与进行实验的操作方便。

低速风洞实验段的横截面形状有长方形、正方形、椭圆形和八角形等。现有风洞基本采用切角长方形。一般情况下，开口实验段的长度取实验段当量直径的1.0～1.5倍，闭口实验段的长度取实验段当量直径的2.0～2.5倍。

（二）扩压段

扩压段是截面积逐渐扩大的一段管道，作用是把气流的动能变为压能。风洞损失与气流速度的三次方成比例，气流通过实验段后应尽量降低速度，以减少气流在风洞非实验段中的能量损失，扩散角一般在7°～10°范围内选择。

（三）导流片

在回路式风洞中，气流沿着风洞洞身循环一次需要转过4个90°的拐角。气流在拐角处容易发生分离产生旋涡，导致大的能量损失。为了改善气流的性能和减小损失，在拐角处布置了一列导流片，把拐角的通道分割成许多狭小的通道，导流片的截面形状与翼剖面相似。

（四）稳定段和整流装置

稳定段是实验段前面的一段装有整流装置的横截面相同的大管道，作用是使来自上游紊乱不均匀的气流稳定下来，使旋涡衰减，以及速度和方向均匀性提高。整流装置常用蜂窝器和阻尼网，作用是减小旋涡尺度和使气流速度均匀。

（五）收缩段

收缩段是一段顺滑过渡的收缩曲线形管道，作用是将从稳定段流过来的气流进行加速，提高实验段的流场品质。对收缩段的基本要求：气流沿收缩段流动时，流速单调增加，在洞壁上避免分离，收缩段出口处气流速度分布均匀且稳定。收缩比一般选在4～10之间。

（六）动力段

低速风洞一般是采用轴流风扇为动力。动力段的组成：动力段外壳（圆截面管段）、风扇动叶轮（由桨毂和若干叶片组成）、电动机、整流罩、静叶等。静叶又称导流片，位于整流罩与外壳之间，在风扇之前的称预扭片，在风扇之后的称止旋片或反扭片。电动机安装于整流罩之内，或安装在洞体之外（通过长轴驱动风扇）。

第二章

流动显示技术

流动显示技术是随着流体力学一起发展起来的，可以说流体力学发展中的任何一次重大突破，几乎都是从流动现象的观察开始。1883 年的雷诺实验；1888 年马赫发现激波现象；1904 年普朗特用金属粉末做示踪粒子获得沿平板的流谱图，并提出边界层理论；1919 年卡门通过对水槽中圆柱体绕流的观察提出了卡门涡街；20 世纪 60 年代对脱体涡流型的研究，70 年代湍流拟序结构的发现，80 年代对大迎角分离流的研究和分离流型的提出等，无一不是以流动显示和观察为基础的。

流动显示方法繁多，通常分为常规和计算机辅助两大类。常规流动显示方法有着色法、氢气泡法、油膜法等。计算机辅助的流动显示方法，是将流动显示与计算机图像处理等技术相结合的方法，有粒子图像测速技术（PIV）等。

第一节　水流显示方法

雷诺实验被追溯为流动显示技术的开端。在水中取得流谱的常用方法有着色法、悬浮物法、漂浮物法、空气泡法、氢气泡法等。

一、着色法

流体运动中流线或轮廓线的标记可以借助于染料，染料可由外部直接注入液体中，或者通过液体内发生适当的化学反应产生。后一种情况要求液体以溶液形式携带相应的化学物质，在流动的适当位置上引发生成染料的化学反应。

将有颜色的液体引入水中可观察到水的流动状态。将有色液体注入水中，应使注入速度的大小、方向和当地水流一致。如果注入的速度过大，则出口有色液体就像一股射流，在这股射流和主流的界面上会出现旋涡。有色液体可以用放在流场中所要求位置的小管施放，也可在所研究的模型壁上开许多小孔，再由这些小孔注入。前一种情况，将小管放在离实验模型上游较远处，使小管对所要研究的流动干扰减至最小。后一种情况则垂直于模型表面的速度分量要尽可能地减小，否则注入有色液体的流动会干扰绕模型周边的主流，特别是由于注入质量和动量，使壁面边界层发生改变。

有色液体可以是墨水、牛奶、高锰酸钾和苯胺颜料的酒精溶液等。为使它们的相对密度（比重）等于或接近于 1（水的相对密度），还可以和某些液体混合，例如用苯与四氯化碳混合制成相对密度等于 1 的油滴。在有色液体中，牛奶不仅颜色清楚（乳白色），而且牛奶中含有脂肪，在水中不易扩散，稳定性较好。

当有色液体在流动中沿着某一条线传播时，它将与周围的液体混合，染色线的清晰度减小，尤其在湍流流动中。因此，着色法主要用于低速流动中，不适宜显示非定常的或有旋涡的流动。

图 2-1 所示是雷诺实验的装置简图，当水流过玻璃管时，将红墨水通过细管注入水流中，可观察水在玻璃管中的流动状态。

当管中水流速度很慢时，红墨水沿着管轴线平稳流动成为一条直线，如图 2-1a 所示。这时红墨水的形状反映管中水流是沿管轴线一层层平稳地流动的，这种流动状态称为层流。

当水流速度逐渐加大时，红墨水所形成的直线开始摆动成为波浪形，如图 2-1b 所示。这种摆动反映了管中水流的不稳定，水流产生了垂直管轴线的分速度。此时显示的流态是从层流转变为湍流的过渡阶段。

当水流的速度增加到某一数值后，红墨水很快和水流混杂在一起。这种混杂反映了管中各层水流相互掺和，产生了不规则的各个方向较强的脉动速度，这种流动状态称为湍流，如图 2-1c 所示。

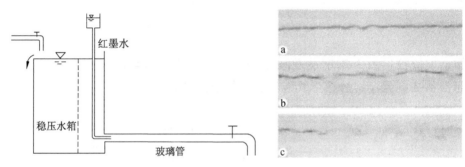

图 2-1 雷诺实验装置及流态

二、悬浮物法

用一些看得见的固体材料微粒或油滴混在水流中，从它们的运动情况推断水流的流动情况。悬浮物的材料有以下几种：

（1）聚乙苯烯微粒：制成直径约为 0.1 mm 的小球，它的相对密度略大于 1。为了减小它的相对密度，使其与水一致，可用丙酮进行处理。

（2）铝粒：先用酒精将直径为 0.03～0.1 mm 的铝粒浸湿，然后放入装满水的小瓶中猛烈地摇动，最后撒入水中。虽然它的相对密度较大，但由于尺寸小，因而在较大黏性的流体中下沉很慢。

（3）蜡与松脂的混合物颗粒：蜡（相对密度为 0.96）和松脂（相对密度为 1.07）的混合物，这两种材料以适当比例混合制成的白色小球，相对密度与水基本一致，可真实地反映水流的流动情况。

（4）油滴：将动植物油或橄榄油等液体用喷雾器喷入水中，用灯光照射可观察到悬浮在水流中的亮点。如果需观察水流中某一平面内的流动情况，只要通过缝隙的光线沿这一平面照过去，其余地方保持黑暗，这是油滴悬浮物的一个独特的优点。

三、漂浮物法

若将一个柱体垂直放在水中，当水面不出现波浪时，水下的流动情况和水面的流动情况相同，这时在水面上撒些漂浮的粉末就可以观察到流动图形。这些粉末可以是铝粉、石松子粉、纸花或锯木屑等。实验时要求物体表面干净，否则表面张力的作用将使这些粉末靠拢在一起。用石蜡涂在物体表面，可以消除水面对物体的表面张力作用，更好地显示物体表面附近的水的流动。

例如将一个圆柱体放入水槽中，在圆柱体前撒上漂浮物，可以看到水流的流动图形。在水流速度较慢时，圆柱体后面产生对称旋涡。当水流速度增大至某一数值范围时，在圆柱体后面形成两列交错排列、转动方向相反、周期性的旋涡，称为卡门涡街。图 2-2 所示为用漂浮物法显示的圆柱体后的卡门涡街照片。

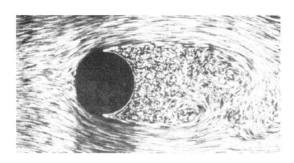

图 2-2　圆柱体后的卡门涡街

四、空气泡法

空气泡法是利用含气水流所形成的空气泡作为示踪介质的一种流动显示方法。这一方法可用作流动的定性观察和某些定量测量。空气泡法采用窄缝过水流道产生负压，吸入适量的空气，微小空气泡随水流运动形成一条条流线，在灯光的照射下清晰可见，从而稳定地显示流动状态。

图 2-3 是壁挂式自循环流动演示仪，图中是用空气泡法显示的圆柱后卡门涡街。基本原理是用平面过流道作为显示面，利用水泵吸入含气水流所形成的空气泡为示踪介质，演示各种边界条件下的流动图谱。

图 2-3　壁挂式自循环流动演示仪

五、氢气泡法

氢气泡法是在水洞、水槽中利用细小的气泡作为示踪粒子显示流动的一种方法。在水中产生氢气泡的最简单方法是在水槽中放入合适的电极直接电解水溶液，在负极上产生氢气泡，在正极上产生氧气泡。因为生成的氢气泡的尺寸比氧气泡小得多，所以只利用氢气泡作为示踪粒子来显示流动。

用细导线作为阴极放在需要观察水流的地方，从氢气泡的运动观察水流的运动情况，阳极则可以为任意形状放在远处水中。图 2-4 是利用氢气泡法显示的旋涡。

图 2-4 氢气泡法显示的旋涡

第二节 低速气流显示方法

在低速气流中显示流动的常用方法有烟流法、丝线法、油膜法等。

一、烟流法

烟流法是显示气体流场的方法之一。在气流中引入煤烟或有色气体，可观察到气流的流动图形，引入烟流的速度在大小和方向上均应和当地气流一致。术语"烟"应按广义含义来理解，如燃烧木材、卫生香、烟草等产生的气体，还包括水汽、蒸汽、气溶胶、雾和示踪粒子等。

烟流法可显示物体绕流、尾迹流、卡门涡街、自由射流等。在风洞中对汽车模型喷射烟流是观察汽车尾部分离区流动的常用方法。图 2-5 为小型实验教学用烟风洞，它采用烟管中发出的平行细烟流，显示气流绕物体的流谱。发烟器产生的烟从梳状导管流出后形成一组有一定间隔距离的平行细流线，代表均匀来流，当遇到模型就形成绕流流场。

图 2-6 所示是在烟风洞中所拍摄的翼型绕流的流谱。气流绕过翼型时，烟流变密，流速加大。根据伯努利方程，上面的压强小于下面的压强产生向上的合力（升

力）。翼型尾部烟流被冲散，出现旋涡区。图 2-7 是烟线显示的汽车绕流图形，用于研究车辆外形的空气阻力。

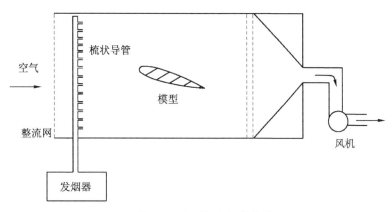

图 2-5　小型烟风洞的构造

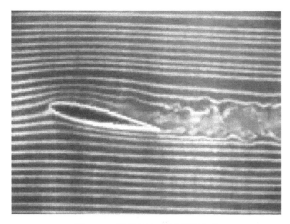

图 2-6　烟线显示的翼型流谱

图 2-7　汽车烟风洞试验

二、丝线法

丝线法是风洞试验中常用的流动显示方法，在模型的观察表面区域内贴一簇适当长度的丝线，每根丝线指示所在位置点的流向。丝线法可以观察边界层内的流动情况，判别附体与分离流动。如将这些丝线贴在水泵或水轮机过流部件的表面，丝线在水流作用下能准确地指示流动的方向及水流分离的区域。

根据选用丝线材料和布置方法的不同，丝线法分为常规丝线法、荧光微丝法、流动锥法、丝线网格法等。

（一）常规丝线法

常规丝线法通常将轻而柔软的纤维如羊毛、纱线、缝纫线、丝线等的一端挂在气流中或粘附在物体表面上，另一端可以自由活动。这样不仅可以观察到气流方向，还可以根据丝线有无摆动，以及摆动是否剧烈来判断物体上产生分离、旋涡的位置及其扰动程度，流线的大致形状等。图 2-8 为丝线法显示的绕三角翼的流动情况。

图 2-8　丝线法显示绕三角翼的流动

（二）荧光微丝法

由于常规丝线法使用的丝线较粗，当表面布置大量丝线时对流动干扰较大。荧光微丝法利用丝线中荧光物质的光学增亮原理，提高了丝线的可观察性。例如细到肉眼很难看到的直径 0.02 mm 的荧光微丝，在被激发荧光以后变成直径 1 mm 的光线，大大增强了可观察性并便于照相记录。

（三）流动锥法

流动锥法以流动锥代替丝线法中附着在物体表面的丝线，显示表面气流的方向。目的是克服丝线在特定条件下在非分离区产生的抖动现象。流动锥的另一个优点是它的表面积大，并可在表面采取某些措施增加反光，提高可观察性。

流动锥的基本结构是在一根柔性线绳上附着一个小的刚性锥体，线绳保证锥体自由运动，同时使它固定在物体表面。流动锥的外形是长细比为 5～7 的圆锥体，用轻质塑料制成。

（四）丝线网格法

丝线网格法用于观察流场空间某一截面上的流动图形。在风洞试验中，在模型的某个空间位置放置一框架平面，在框架平面内布置一系列很细的钢丝，在钢丝上粘贴一定长度的常规丝线或荧光微丝组成丝线网格，通过记录该平面内丝线的流谱来分析该平面内的流动。该方法主要用于低速风洞中，显示空间旋涡结构。

三、油膜法

油膜法是在过流部件表面涂上油性涂料，当气流流过时便能显示气流的流动情况，通过观察流体流过涂料时所留下的痕迹，从而研究表面附近流动状态的一种显示方法。这和从雪地或沙地上的条纹来推断风的流动情况一样。图 2-9 是一螺旋离心泵叶轮在设计流量时油膜法显示试验痕迹的照片。

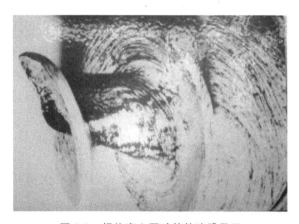

图 2-9　螺旋离心泵叶轮的油膜显示

油膜法的优点：适用的流速范围广，不干扰流动，并可获得物体表面的全部情况，特别对于三元拐角区的流动图形研究具有独特优点，因为这些区域内几乎无法采用其他的无扰动方法。但是油膜法只能进行定性的流动观察，对于不稳定流动的图形不能进行正确显示。油膜法是研究流体流动状态比较简单的方法。

油膜涂料可以是润滑油、印刷油墨、油画颜料等。涂油膜的物体表面必须有较小的表面粗糙度。最好用喷涂的方法使涂层表面没有纹状痕迹。为使油膜上留下清晰的流动痕迹，掌握适当的试验时间较为重要，为此往往要做几次预备试验，再确定适当的试验时间。

第三节　流动显示新技术

流动显示的新技术有激光诱发荧光技术、激光分子测速技术、发光压力传感技术、高速摄影技术等。这些方法的出现得益于光学技术、传感技术和计算技术的飞速进步，同时这些方法的出现无疑促进了对复杂流动的研究。

一、激光诱发荧光技术

激光诱发荧光技术（LIF）是利用某些物质分子在激光照射下能激发荧光的特性来显示和测量流动参数的技术。它可以测定气流的密度、温度、速度、压强等。该技术的关键是选择合适的物质与特定波长的激光光源相匹配，以产生足够强度的荧光信号被探测器所接收。

目前激光诱发荧光技术在气体、液体和固体测量中已得到了广泛应用。使用激光面光源，可以进行二维定量成像测量，还可以和其他光学技术如 PIV 来共同使用测得更多的信息。典型的平面激光诱发荧光（PLIF）实验系统由荧光物质及其施放装置、光源、光路系统、图像采集系统和图像处理系统组成。

二、激光分子测速技术

粒子投放技术是激光多普勒测速中的关键之一，研究表明即使是微米量级的动态粒子也可能给测量结果带来可观的误差，特别是在流场中存在激波的情况下。激光分子测速技术的基本原理是通过流场中分子与激光场的相互作用，包括散射、吸收、色散、辐射、解离等过程，利用各种线性和非线性光学效应及光学成像技术把流场的物理参数转变为光学参数，通过光学处理而获得流场信息。

激光分子测速的光谱技术依赖于被测流场中介质组分的吸收谱线频率或荧光发射或散射光谱中的多普勒频移，这种方法直接从分子运动中获得速度，从而避免了由于投放粒子带来的弊病。激光分子测速技术与其他光学流场测量技术的根本不同点在于它是分子水平的检测，可以最大限度地获取真实流场信息，适合于许多瞬态和微观过程的研究。利用激光进行分子水平的检测，不仅可以获得流场中空间点的速度、密度、温度、压力、物质的组成、某种物质浓度等参数，以及随时间的变化，还可用于对整个流场的二维和三维结构及各点参数的研究，有很高的灵敏度和精确性。

三、发光压力传感技术（压敏涂层测压技术）

物体表面压强测量是一项重要的内容。压力敏感涂料是新发展起来的一种测压技术，它利用光学特性测量物体表面的压强分布，即将一种特殊的压力敏感涂料覆盖在模型表面，在紫外线光或其他给定波长光的照射下，涂层发出可见波长的荧光，其亮度与作用在涂层表面空气或任何含氧气体的绝对压力成反比，用摄像机记录模型表面的图像，并通过计算机处理，可以给出模型表面的压强分布。

四、高速摄影技术

高速摄影是把高速运动过程或高速变化过程的空间信息、时间信息联系在一起进行图像记录的一种摄影方法。高速摄影技术提高了眼睛感受高速现象的能力。曝光时间和摄影频率则是区分摄影速度的主要标志。常用的高速摄影机有补偿式高速摄影机、鼓轮式高速摄影机、转镜式高速摄影机、高速数码摄像机等。高速数码摄像机用于快速发生事件的图像拍摄，可用于燃烧过程、高速运动部件、高速碰撞过程等现象的拍摄和分析。

图 2-10 为在空化实验水洞中用频闪光源拍摄到的高速旋转螺旋桨的空化现象照片，从照片中可看到在螺旋桨叶梢上产生的空泡形成的螺旋线。

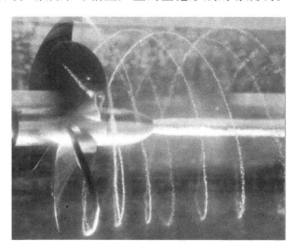

图 2-10　高速旋转螺旋桨的空化现象照片

五、流动显示技术的发展趋势

（一）多种流动显示技术的综合使用

目前可使用的流动显示方法很多，这些方法各有所长，又各有一定的使用条件和流速范围限制。在一个研究项目中往往综合使用多种流动显示方法，它们相互补充、相互验证，以获得丰富、可信的复杂流动信息。例如在航天飞机气动设计中，就用油流、升华、液晶、荧光微丝、红外热像等多种方法显示表面流动和热状态，用烟流、蒸汽屏、阴影、纹影、全息干涉等多种方法显示和测量空间流态。

（二）以瞬时、定量、三维流动显示为目标的流动显示技术

现在最引人注目的流动显示技术是粒子图像测速（PIV）技术、激光诱发荧光技术、压敏涂层测压技术等。粒子图像测速技术已得到广泛应用，激光诱发荧光技术既能定性地显示流场，又能定量地测量速度、温度和密度等参数，既可用于低速，又可用于高速流动，是一种很有发展前途的流动显示技术。

（三）流动显示技术与计算机结合

在现代流动显示技术中，计算机主要用于对流动显示系统实施控制、图像处理和数据处理，对二维图像进行三维重建，获得空间的流动结构和定量结果。

（四）流动显示与计算流体力学相结合

用各种流动显示方法提供必要的边界条件和物理模型，例如涡核的位置、边界层转捩位置、分离点和分离区、激波位置等，以提高数值模拟的准确度；同时数值计算的结果又有助于对流动图像的分析。图 2-11 为用计算流体力学显示的离心泵叶轮内流体的相对速度图。

图 2-11　离心泵叶轮内流体的相对速度

第三章

演示类实验

实验一　自循环静压传递扬水演示实验

一、实验目的

1. 了解静压传递扬水演示仪的结构和工作原理。
2. 掌握实验中的扬水现象、虹吸现象的原理。
3. 建立静水压强传递的概念，掌握静水压强的传递过程和传递方式。

二、实验设备

自循环静压传递扬水演示仪由水泵，蓄水箱，上、下密封水箱，虹吸管和扬水管等组成。图 3-1、图 3-2 分别为静压传递扬水演示仪原理图和照片。

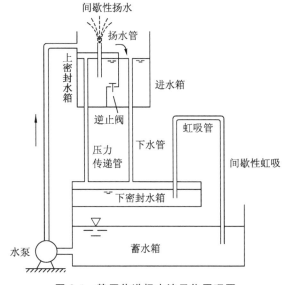

图 3-1　静压传递扬水演示仪原理图

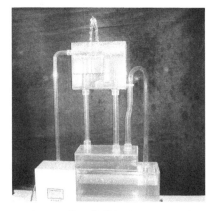

图 3-2　静压传递扬水演示仪照片

三、实验原理

开启水泵，水通过水箱分别进入上、下密封水箱。在下密封水箱中，水位上升，水的体积增加，引起水箱顶部密封气体压强的增加。由于气体能进行压强的等压传递，下密封水箱中气压的增加由空气传递给上密封水箱中的空气，这使上密封水箱中的逆止阀关闭，同时使上密封水箱中水的压强增加，在通大气的扬水管内产生间隙性扬水现象。同时下密封水箱内水位上升，静水压强增加，引起其顶部气压加大使虹吸管进水段水位升高，进而产生间隙性虹吸现象。

四、实验步骤

1. 给蓄水箱内加入适量水，接通电源，打开水泵电源开关并调节，使供水管内出水量大小适宜（以进水箱溢水为宜），再给蓄水箱内补进适量水，保证仪器用水能循环运转。

2. 注意水流运动路径，观察逆止阀的启闭、上密封水箱的扬水现象、下密封水箱的虹吸现象等，了解其成因，掌握其原理。

3. 观察上、下密封水箱的静水压强传递过程，进一步理解扬水原理。

4. 演示结束，关闭电源。

五、思考题

1. 实验中仪器上为什么会产生间隙性扬水现象？

2. 上密封水箱中的逆止阀在什么情况下开启？什么情况下关闭？

3. 下密封水箱的虹吸现象在什么情况下被破坏？

实验二　水流流动形态及绕流演示实验

一、实验目的

1. 观察各种几何边界条件下产生的旋涡现象，了解旋涡产生的原因与条件。

2. 通过对各种边界下旋涡强弱的观察，分析比较局部损失的大小。

3. 观察绕流现象、边界层分离及卡门涡街现象。

二、实验设备

图 3-3、图 3-4 分别是水流流动形态及绕流演示实验装置简图和照片。窄缝流道产生负压抽吸空气作为示踪粒子显示流动，平面过流通道（显示屏）演示各种不同类型边界上的流动图像。采用自循环供水方式，在仪器内加入适量的水，接通电源即可进行演示。

Ⅰ型：显示文丘里流量计、孔板流量计、圆弧弯道等的流动图像。

Ⅱ型：显示逐渐收缩、突然扩大、突然收缩、直角弯道等的流动图像。通过旋涡的强弱，比较不同边界局部损失的大小。

Ⅲ型：显示逐渐扩大、单圆柱绕流、多圆柱绕流的流动状态。能清晰显示边界层分离、分离点位置及卡门涡街的产生与发展过程。

Ⅳ型：显示逐渐扩大、圆头方尾的桥墩（或闸墩）绕流、流线体绕流等流动现象。

Ⅴ型：这是"双稳放大射流阀"流动原理显示仪，可显示射流附壁现象，即"附壁效应"。该装置既是一个射流阀，又是一个双稳射流控制元件。

Ⅵ型：显示多种角度的弯道及非自由射流等流动图像。

Ⅶ型：显示分流、合流、逐渐扩大、液压控制阀等流段纵剖面上的流动图谱。

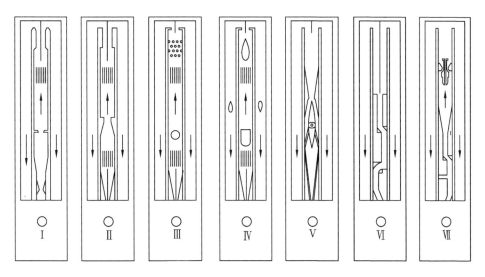

图 3-3　流动演示实验装置简图

图 3-4　流动显示实验装置照片

三、实验原理

流动演示模拟各种几何边界，采用气泡示踪法把流动中的边界层分离现象以及旋涡发生的区域和强弱等流动图像清晰地显示出来。

流经固体边界的水流当达到一定雷诺数时，由于固体边界的形状和大小突然发生变化，在惯性作用下出现主流与边界分离产生旋涡，水流在这些突变的边界处形成局部水流阻力，损失较大能量。

水流绕物体（如圆柱、闸墩等）的流动称为绕流，在绕流中有两种阻力作用于物体上：一是摩擦阻力，它是由水流的黏滞性产生；二是形状阻力，它由物体前后压差形成。图3-5、图3-6分别为圆柱绕流及圆头方尾闸墩绕流示意图和照片。因为绕流时边界层发生分离，所以在圆柱后面产生旋涡，边界层分离点的位置随物体形状、表面粗糙度及流速大小而变。旋涡的产生，使绕流物体后部压强小于前部压强形成前后压差，增加了水流对物体的作用力。绕流阻力的大小表示为

$$F_D = C_D A \frac{1}{2} \rho v_\infty^2$$

式中：F_D 为绕流阻力；

C_D 为绕流阻力系数，是绕流物体形状和水流状况的函数，由实验测定；

A 为绕流物体垂直水流方向的投影面积；

v_∞ 为水流未受绕流物体影响以前的速度；

ρ 为水的密度。

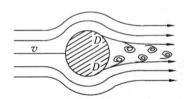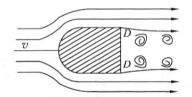

图3-5　绕物体流动示意图（D 为边界层的分离点）

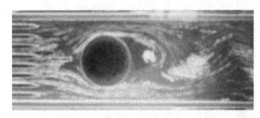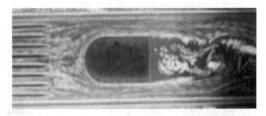

图3-6　绕物体流动照片

四、实验步骤

1. 熟悉各型设备，接通电源。
2. 打开电源开关，调节调速开关，将进水量开大，观察旋涡的变化情况。

3. 观察各边界上分离点的位置变动及卡门涡街的变动情况。
4. 实验结束，关闭电源。

五、思考题

1. 为什么进水量愈大，旋涡愈强烈？
2. 在逐渐收缩段，有无旋涡产生？
3. 绕流阻力是怎样产生的？研究绕流阻力的意义何在？

实验三 流谱演示实验

一、实验目的

1. 通过演示进一步理解液体流动的流谱及流线的基本特征。
2. 观察液体流经不同固体边界时的流动现象。

二、实验设备

流谱演示仪由 3 个演示装置组成，如图 3-7、图 3-8 所示，可显示翼型绕流、圆柱绕流、收缩扩散流道等的流动图谱。

流动过程采取封闭自循环形式，将事先配制好的显示液装满水箱并充入狭缝通道中，接通电源便可开始工作。

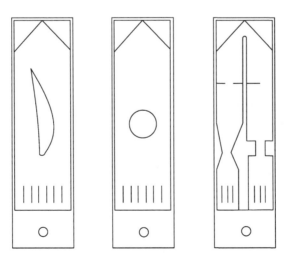

图 3-7 流谱演示仪示意图

图 3-8　流谱演示仪照片

三、实验原理

　　流场中液体质点的运动状态，可用流线或迹线来描述。在流谱仪中用酚蓝显示液（电化学法），借助电极对化学液体的作用，通过平面流道形成流场，显示出液体质点的运动状态，这些色线显示了同一瞬时内无数有色液体质点的流动方向，整个流场内的流线谱形象地描绘了液体的流动趋势，当这些色线经过各种形状的固体边界时，可清晰地反映出流线的特性。图 3-9 为翼型绕流的流谱。

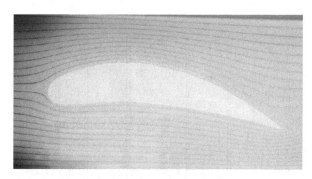

图 3-9　翼型绕流的流谱

四、实验步骤

　　1. 熟悉演示设备，接通电源，此时灯光亮，水泵启动并驱动平面流道内的液体流动。

　　2. 调节开关，改变流速以达到最佳显示效果。

3. 待显示流谱稳定后，观察分析流场内的流动情况及流线特征。

4. 实验结束，关闭电源。

五、思考题

1. 什么情况下流线与迹线重合？流线的形状与流场边界线有何关系？

2. 通过演示，将观察到的翼型绕流情况，根据流线的性质及伯努利方程说明机翼受到的升力作用。

实验四 水击现象演示实验

一、实验目的

1. 观察有压管道上水击的发生及水击发生时的现象，加深对水击的理解。

2. 了解水击压强的测量、水击现象的利用和水击危害的消除方法。

二、实验设备

水击现象演示仪由水泵、恒压水箱、水击发生阀、单向阀、水击室、压力室、调压筒、气压表、出水管等组成。图 3-10 和图 3-11 分别为水击现象演示仪原理图和照片。

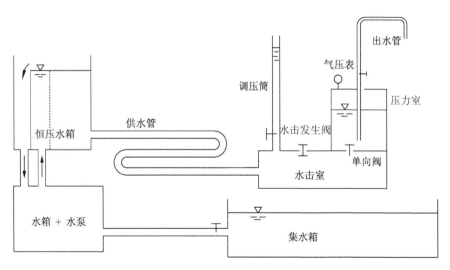

图 3-10 水击现象演示实验仪原理图

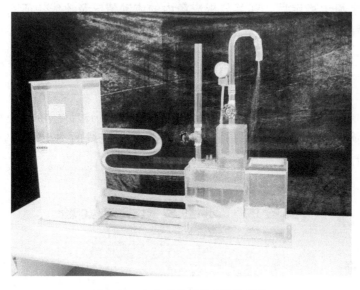

图 3-11　水击现象演示实验仪照片

三、实验原理

水泵把集水箱中的水送入恒压水箱中，水箱设有溢流板和回水管，使水箱中的水位保持恒定。工作水流 Q 自恒压水箱经供水管和水击室，再通过水击发生阀的阀孔流出（$Q-q$），小部分水流 q 通过压力室由出水管流出，全部回到集水箱。

（一）水击发生

实验时先全关调压筒和出水管上的阀门，触发水击发生阀。当水流通过水击发生阀时，水的冲击力使阀门向上运动而瞬时关闭水流，在供水管的末端产生最大的水击升压，并使水击室同时达到这一水击压强。水击升压以水击波的形式迅速沿着压力管道向上游传播，到达供水管进口（恒压水箱）以后，由进口反射回来一个减压波，使供水管末端和水击室内发生负的水击压强。

（二）水击传播

通过水击发生阀及单向阀的运动过程观察水击波来回传播变化现象，即水击发生阀关闭，产生水击升压，使单向阀克服压力室的压力而瞬时开启，水也随即注入压力室内，同时可看到气压表随之产生压力搏动。然后在进口传来的负水击作用下，水击室的压强低于压力室，使单向阀关闭，同时水击发生阀在负水击和阀体自重的共同作用下，向下运动而自动开启。这一动作既能观察到水击波的传播变化现象，又能使实验仪保持往复的自动工作状态，即水击发生阀开启，水自阀孔流出，又回到这一动作的初始状态。这样周而复始，水击发生阀不断地启闭，水击现象也就不断地重复发生。

（三）水击压强测量

通过单向阀、压力室和气压表组成水击压强的定量观察装置，随水击的每次升降压，通过单向阀向压力室注入一定的水量，而压力室是密闭的，可用与压力室相连的气压表测量压力室空腔中的气体压强。

（四）水击扬水

水击现象演示仪也可看作一台水击扬水机。当打开出水管上的阀门时，由于压力室内的气压大于大气压，水流经出水管流出，实现利用水击提水。扬水高度超过恒压供水箱的液面达 1.5 倍的作用水头。

（五）调压筒

开启调压筒，当水击发生阀突然关闭时，供水管中的水流因惯性作用流入调压筒使其水位上升，达到最大高度后才停止上升，这时全管流速等于零，流动处于暂时停止状态。由于调压筒最高水位高于恒压水箱水位，水体从调压筒向水箱做反向流动，调压筒中水位逐渐下降，直到反向流速等于零为止。通过调压筒中水位往返上下波动，以及供水管、调压筒的摩擦阻力，水击波作用逐渐衰减，从而消除水击的危害。

四、演示步骤

1. 接通电源，打开可调级电源开关，调节水泵转速，使恒压供水箱内水面平稳。
2. 关闭调压筒和出水管上的阀门，用手触动水击发生阀，观察水击现象。
3. 打开出水管上的阀门，观察扬水机工作情况。
4. 打开调压筒上的阀门，观察调压筒消除水击的情况。
5. 实验结束，关闭电源。

五、注意事项

1. 注意电源开关的开启、关闭的方向。
2. 注意水源的清洁，保护逆止阀。

六、思考题

1. 水击波与波浪有何区别？
2. 水击发生阀为何能不停地上下跳动？
3. 扬水机是怎样扬水的？
4. 有压管道中的水击会造成什么危害？哪些情况下会发生水击？怎样预防和消除？

附：水击扬水机

如图 3-12、图 3-13 所示，水流从恒压水箱通过管路回到蓄水箱时，触发水击发生阀。水击发生阀不停地开闭，产生水击压强，并向上传递。使逆止阀打开，向压力室内供水。当压力室内压强增加到一定程度时，可产生较连续的扬水，即利用水击实现提水。

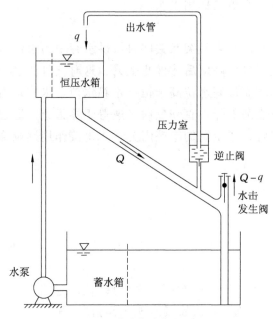

图 3-12　水击扬水机原理图

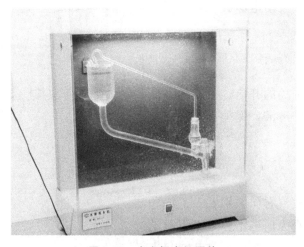

图 3-13　水击扬水机照片

实验五　虹吸原理演示实验

一、实验目的

1. 观察虹吸的形成和破坏，以及虹吸管沿程压强的分布情况。
2. 测量虹吸管真空度，分析虹吸管流动的能量转换特性。
3. 观察虹吸原理在泵站虹吸式出水流道中的应用情况，分析其优缺点。
4. 观察泵站的虹吸式出水流道产生的边界层分离及旋涡现象。
5. 通过对旋涡的观察，分析旋涡产生的原因及虹吸式出水流道的局部损失。
6. 讨论减小虹吸式出水流道局部损失的方法。

二、实验设备

图 3-14、图 3-15 分别为管路虹吸原理演示仪原理图及照片。该演示仪可测量虹吸管路沿程各点的真空度大小，显示虹吸管沿程压强的分布情况。虹吸启动通过在水泵吸水管连接文丘里管，使其在喉管处产生真空抽吸实验管路中的空气促成。

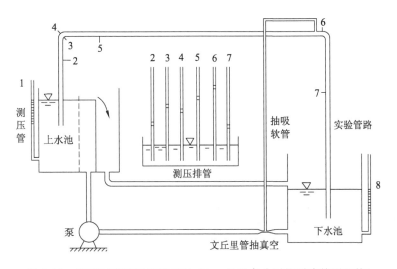

图 3-14　虹吸原理演示仪原理图（2～7 测点分别接对应的测压管）

图 3-15   虹吸原理演示仪照片

图 3-14 中，仪器 1～8 为静压测点，其中 1，8 显示上、下水箱水位；2～7 测量虹吸管中的真空度大小；3，4 设置在转弯急变流断面处，用于验证此断面不符合缓变流断面 $z+\dfrac{p}{\rho g}=C$ 的条件。

图 3-16 是泵站虹吸式出水流道流动演示仪原理图，图 3-17 为相应的实物照片。从照片中可以看出，虹吸式出水流道过驼峰后下降坡度过大，从而产生边界层分离，这使水流不能充分扩展，造成机组效率降低。流动演示装置采用自循环供水方式，只要接通电源，即可进行演示。

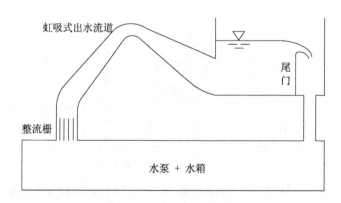

图 3-16   泵站虹吸式出水流道流动演示仪原理图

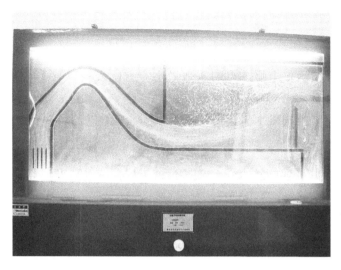

图 3-17　泵站虹吸式出水流道流动演示仪照片

三、实验原理

1. 通过虹吸原理演示仪（见图 3-14）演示虹吸的形成过程及虹吸形成后沿程压强分布情况，了解虹吸形成的机理，并通过虹吸的破坏说明虹吸应用中的注意事项。

2. 结合泵站虹吸式出水流道（见图 3-16）说明虹吸原理在工程中的应用。图 3-17 所示的流动模拟了泵站虹吸式出水流道的几何边界，采用气泡示踪法把流动中的流线、边界层分离现象，以及旋涡发生的区域和强弱等流动图像清晰地显示出来。实验装置显示了泵站的虹吸式出水流道纵剖面上的流动图像。通过流线及旋涡显示的情况，可比较和分析虹吸式出水流道边界的合理性，尤其是虹吸式出水流道出口下方的旋涡，说明了虹吸式出水流道过驼峰后下降坡度不宜太陡。

四、演示步骤

1. 熟悉实验设备，接通电源。

2. 打开虹吸原理演示仪的电源开关，调节调速开关至最大，观察虹吸形成的过程。

3. 观察虹吸管沿程压强分布情况，拔开最高处的测压管，观察虹吸破坏现象。

4. 打开泵站的虹吸式出水流道演示仪的电源开关，调节调速开关，改变进水量，观察虹吸式出水流道纵剖面上流动的变化情况。

5. 观察虹吸式出水流道边界上分离点的位置变动情况。

6. 实验结束，关闭电源。

五、思考题

1. 虹吸原理演示仪上哪一点的压强最小？为什么？
2. 为什么虹吸式出水流道会出现旋涡？
3. 如何消除虹吸式出水流道出现的旋涡？

实验六 空化机理演示实验

一、实验目的

1. 观察由空化机理演示仪所演示的空化发生和演变、流道体型对空化的影响及常温下水的沸腾现象。
2. 通过演示加深对空化和空蚀现象的认识理解。

二、实验设备

（一）平面空化机理演示仪

平面空化机理演示仪由矩形闸门槽空化显示面、文丘里型空化显示面、渐扩空化显示面等组成。图 3-18、图 3-19 分别为平面空化机理演示仪原理图和照片。

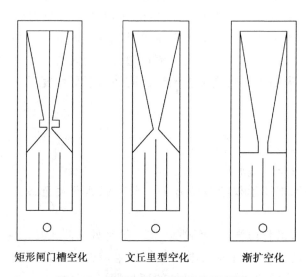

矩形闸门槽空化   文丘里型空化   渐扩空化

图 3-18 平面空化机理演示仪原理图

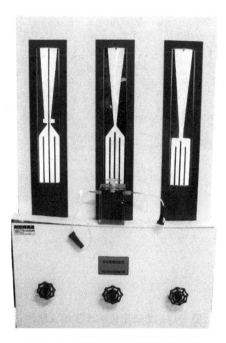

图 3-19 平面空化机理演示仪照片

（二）管道空化机理演示仪

管道空化机理演示仪由水泵、压力水箱、实验管道等组成。图 3-20、图 3-21 分别为管道空化机理演示仪原理图和照片。

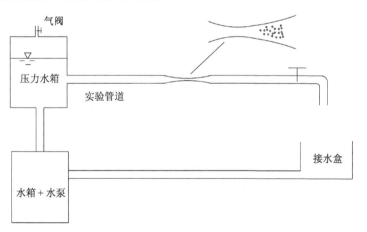

图 3-20 管道空化机理演示仪原理图

图 3-21　管道空化机理演示仪照片

三、实验原理

在液体流动的局部区域，流速过高或边界层分离均会导致压强降低，当降低到液体内部出现汽化现象时，这种现象称为空化。空化现象发生后，液体的连续性遭到破坏。空泡随液体一起向下游运动，当压强增加到一定程度时，液体会以极高的速度向空泡内运动，气泡溃灭从而引起附近固体边界的剥蚀破坏（称为空蚀或气蚀），并产生噪声、结构振动、机械效率降低等，实验仪利用高速水流通过流道改变区域时产生压强变化的原理来演示空化现象。

四、实验步骤

1. 平面空化机理演示仪空化现象的演示。

在平面流道内观察水流运动现象，可看到在流道的喉部和流道的闸门槽处出现乳白色雾状空化云，这就是空化现象，同时还可听到气泡溃灭的噪声。空化区的负压相当大，其真空度可由真空表读出。在流道喉颈中部所形成的带游移状空化云，为游移型空化；在喉道出口处两边形成的附着于转角两边较稳定的空化云，为附体空化；而发生于流道中闸门槽（凹口内）旋涡区的空化云，则为旋涡型空化，如图3-22所示。

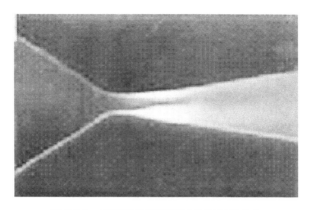

图 3-22 平面空化机理演示仪显示的空化

2. 管道空化机理演示仪空化现象的演示。

打开压力水箱上的气阀，当水进入超过一半时，关闭气阀。打开实验管道上的阀门，此时可看到在喉管后出现白色空化区域，并伴有噪声，如图 3-23 所示。

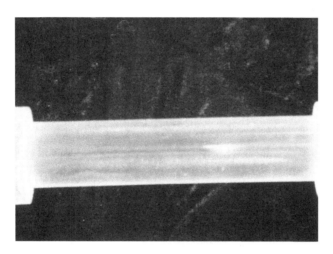

图 3-23 管道空化机理演示仪显示的空化

3. 空化机理演示。

水在标准大气压下，当温度升高至 100 ℃时沸腾，水体内产生大小不一的气泡，这就是空化。而当压强小于水在此温度下的汽化压强时，水也要产生空化。先向空化杯中注入半杯水，压紧橡皮塞盖，然后与空化演示仪接通。在喉管负压作用下，空化杯内的空气被吸出。真空表读数随之增大，当真空度接近 10 m 水柱时，杯中水就开始沸腾，出现常温水在低压下发生空化的现象。

4. 实验结束，关闭电源。

五、注意事项

1. 严格按照操作步骤进行实验。

2. 空化杯中的水不能用冷开水或蒸馏水等，而只能用新鲜自来水，并在每次实验前更换新鲜水，以保证空化沸腾时的显示效果。

六、思考题

1. 试述实验过程中所产生的空化和空蚀现象。

2. 为什么在每次实验时空化杯中要注入新鲜自来水？用冷开水或蒸馏水能否观察到空化沸腾现象？为什么？

实验七　紊动机理演示实验

一、实验目的

1. 演示紊动发生过程及异重流的流动过程。
2. 通过演示加深对水流运动结构的认识。

二、实验设备

紊动机理演示实验仪由水泵、稳压水箱、红颜色水、调节阀、剪切流道显示面、上下层隔板等组成。图 3-24、图 3-25 分别为紊动机理演示仪原理图和照片。

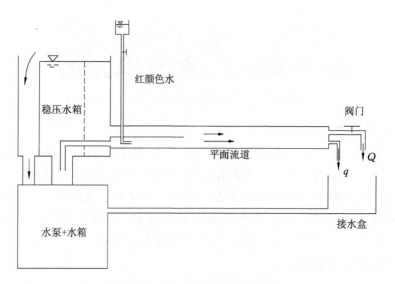

图 3-24　紊动机理演示仪原理图

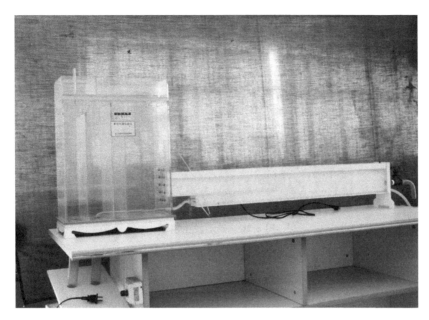

图 3-25 紊动机理演示仪照片

三、实验原理

液体流动时存在着两种截然不同的流态，即层流和紊流。层流向紊流转化是一个十分复杂的问题。本实验应用两种不同颜色的液体相互混合的过程来演示紊流的发生过程和异重流的流动过程。

四、实验步骤

1. 开启水泵、打开日光灯。使恒压水箱产生溢流，保持水位稳定。排除流道上的气泡，加注颜色水。

2. 紊动发生演示。

（1）上下层界面呈平稳直线演示：将阀门全开，使上层无色水流流速与下层的流速相接近。

（2）波动形成与发展演示：调节阀门，适当减小上层流速，使界面有明显的速度差，于是在界面上开始发生微小波动。继续改变阀门的开度，则波动演示更加明显。

（3）波动转变为紊动演示：阀门关到足够小时，波动失稳，波峰翻转，旋涡形成，界面消失。涡体的旋转运动，使得上下层液体质点发生混掺，紊动发生。如图3-26所示。

图 3-26 紊动发生演示

3. 异重流实验：实验中在颜色水中加入一定比例的食盐或白糖来提高下层液体的密度，可用来研究异重流的稳定性。

4. 实验结束，关闭电源。

五、注意事项

1. 严格按照操作步骤进行操作。

2. 实验时，流入水中的颜色水溶液一定要适当，否则演示效果较差。

3. 隔板下方的气泡要排净。如一次排不净，则应反复操作，直到排干净为止。

六、思考题

1. 紊流产生的条件是什么？

2. 液体流动的流态与哪些因素有关？

3. 试述实际工程中所遇到的异重流运动现象。

实验八　势流叠加演示实验

一、实验目的

1. 观察液体做平行流运动的迹线和流线。

2. 观察各种简单势流和各种势流叠加后所形成的流动图像，加深对势流运动的理解。

二、实验设备

图 3-27、图 3-28 分别为势流叠加演示仪示意图及实物照片。该演示仪由进水管、可视实验台、颜料水瓶、源汇旋钮、进水开关、上下游水箱等组成。实验台上设置源汇孔及注颜色水针头。

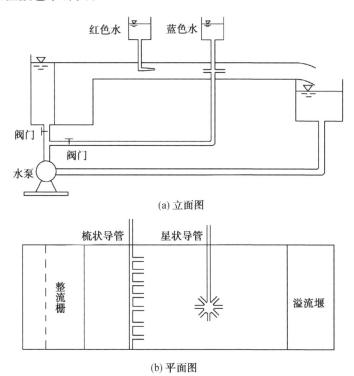

(a) 立面图

(b) 平面图

图 3-27　势流叠加演示仪示意图（仅画出平行流和一个点源）

图 3-28　势流叠加演示仪照片

三、实验原理

势流中存在平行流、点源和点汇等几种基本的流动形式。根据势流叠加原理，叠加已知的简单势流可得到一个比较复杂的势流。如把平行流和点源叠加可得到一个二维钝头物体的绕流流线图形（见图 3-29），点源与汇叠加可形成偶极子等。

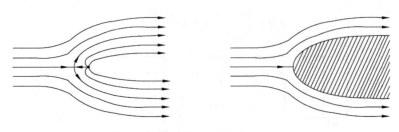

图 3-29　势流叠加（平行流和点源）

四、实验步骤

1. 打开进水开关，放水入实验台，调整下游堰板使之溢流。
2. 上下拉动实验台上的玻璃板，排除实验台上的水流气泡。
3. 打开红色水开关，将各针头的红色水注入实验台流动的清水内，观察平行流的流线。
4. 打开其中一个源的旋钮，放入蓝色水，可观察二维钝头流线体的绕流流线。
5. 打开一个源的旋钮、一个汇的旋钮以观察偶极子。
6. 实验结束，关闭电源。

五、注意事项

1. 调节阀门旋钮时要慢。
2. 在放水时，需调节下游堰板，使水位适中。

六、思考题

1. 给出平行流和点源叠加所形成的二维钝头物体的流函数和势函数表达式。
2. 平面势流的叠加原理是什么？其有何意义？
3. 简单的平面势流有哪几种？每一种的流函数和势函数的表达式是什么？
4. 实验中所演示的源和汇的叠加是否是真正意义上的偶极子？为什么？

第四章

操作验证类实验

实验一 静水压强实验

一、实验目的

1. 通过实验加深对静水压强基本方程物理意义和几何意义的理解，观察测点的位置水头、压强水头及测压管水头。

2. 实测静止液体中 A，B 两点压强的大小，掌握静水压强的测量方法。验证静止液体中，不同点对于同一基准面的测压管水头为一常数，即 $z+\dfrac{p}{\rho g}=C$。

3. 测量当液体自由表面压强分别为 $p_0=p_a$，$p_0>p_a$，$p_0<p_a$ 时，静止液体中 A，B 两点的压强，分析测压管水头的变化规律。加强对绝对压强、相对压强和真空度的理解。

4. 用 U 形管测量液体的密度。

二、实验设备

静水压强实验仪由密封水箱、调压筒及测压管等组成（见图 4-1、图 4-2）。升降调压筒，可在密封水箱内的液面上形成 $p_0=p_a$，$p_0>p_a$，$p_0<p_a$ 三种状态。

三、实验原理

如图 4-1 所示，将密封水箱和开口调压筒相连，密封水箱顶部装有气阀，左侧

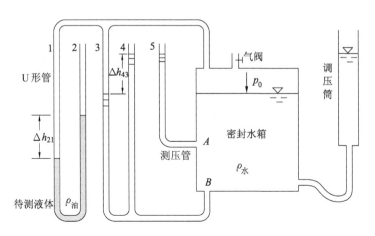

图 4-1 静水压强实验仪原理图

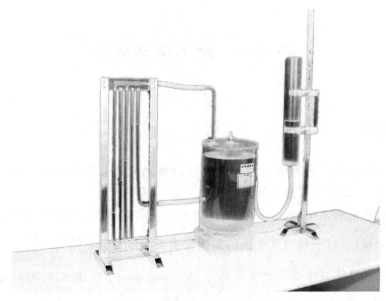

图 4-2 静水压强实验仪照片

开设 3 个测压孔。利用调压筒的升降及气阀的开关，调节密封水箱内静止液体自由表面压强 p_0，分别测量液面上点 A 和点 B 处的静压强，验证静水压强基本方程。

设 h_i 表示各测压管及密封水箱内点 A 和 B 的标高读数，根据在重力作用下不可压缩液体的静水压强基本方程

$$z + \frac{p}{\rho g} = C \text{ 或 } p = p_0 + \rho g h$$

可求出相应各点处的静压强（设 $p_a = 0$，p_0 为相对压强）。

1. 点 A 的相对压强 p_A 为

$$p_A = p_0 + \rho_{\text{水}} g (h_5 - h_A)$$

同理点 B 的相对压强 p_B 为

$$p_B = p_0 + \rho_{\text{水}} g (h_4 - h_B)$$

2. 从测压管液面 h_4 与 h_3 的高差可求得密封容器液面上相对压强 p_0 为

$$p_0 = \rho_{\text{水}} g (h_4 - h_3) = \rho_{\text{水}} g \Delta h_{43}$$

3. 利用等压面和连通器原理，用测压管、U 形管分别测量密封水箱内液面上的压强，可求出待测液体的密度 $\rho_{\text{油}}$ 为

$$p_0 = \rho_{\text{水}} g (h_4 - h_3) = \rho_{\text{油}} g (h_2 - h_1)，\text{ 则 } \rho_{\text{油}} = \frac{\rho_{\text{水}} (h_4 - h_3)}{h_2 - h_1} = \frac{\rho_{\text{水}} \Delta h_{43}}{\Delta h_{21}}$$

四、实验步骤

1. 熟悉静水压强实验仪，测记有关常数，如 h_A，h_B，$\rho_{\text{水}}$ 等。

2. 将调压筒放置在中间位置，打开密封水箱顶部气阀，使密封水箱与大气相通，此时液面压强 $p_0 = p_a$。待液面稳定后，观测各测压管中的液面位置，以验证等压面原理。同时验证在 $p_0 = p_a$ 时，液体中的 A 和 B 两点，满足 $z_A + \dfrac{p_A}{\rho_水 g} = z_B + \dfrac{p_B}{\rho_水 g}$。

3. 实验时使密封水箱内的自由液面上的压强分别为 $p_0 > p_a$，$p_0 < p_a$。首先将调压筒移到升降杆的最下面的孔位，待等压面齐平后，轻轻关闭气阀，此时液面上 $p_0 = p_a$。然后向上移动调压筒两孔位，各测压管液面将出现高差，此时密封水箱内的自由液面上 $p_0 > p_a$。待测压管液面稳定后，移动测压管上部的标尺，依次测读出各测压管液面标高，并做记录。

4. 继续将调压筒向上移动一个孔位，同样待液面稳定后，测读各测压管标高，并记入表中。然后再向上移动调压筒一个孔位，并做记录。

5. 打开气阀，待等压面齐平后关闭气阀（此时不要移动调压筒），此时液面上压强恢复为 $p_0 = p_a$。

6. 将调压筒向下移动两孔位，此时密封水箱内的自由液面上 $p_0 < p_a$，出现真空（负压）。同样待液面静止后，用标尺测读各测压管液面标高，并做记录。依步骤 4 再移动调压筒两次。

7. 取一装有颜色水的量杯，用一根橡胶管将其一端与气阀相连，另一端放入量杯的颜色水中。打开气阀可见量杯中的颜色水被吸上一个高度（见图 4-3）。此高度即为密封水箱内的真空度，其吸上高度应等于 Δh_{43}。

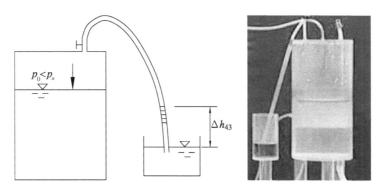

图 4-3 测量并显示自由液面上的真空

8. 将调压筒放置在中间位置，打开气阀，实验结束。

五、注意事项

1. 读取测压管读数时，一定要等液面稳定后再读，并注意使视线与液面最低点处于同一水平面上。

2. 调压筒只能在最上孔和最下孔之间轻缓移动，切忌用力过大或超出上下孔位移动，损坏仪器。

3．如发现测压管中水位不断改变，表明容器或测压管漏气，此时应采取止漏措施。

4．开关气阀时，切忌在水平方向转动气阀。

5．读数时注意测压管的标号和记录表中的对应。

六、实验数据记录与计算

实验台编号_____。

相关常数：点 A 高程 $h_A =$ _____ m，点 B 高程 $h_B =$ _____ m，水的温度 $T =$ _____ ℃，水的密度 $\rho_水 =$ _____ kg/m³。

1．记录表

状态和次数		各测压管读数/m				
		h_1	h_2	h_3	h_4	h_5
$p_0 > p_a$	1					
	2					
	3					
$p_0 < p_a$	1					
	2					
	3					

2．计算表

计算项目		p_0（相对）/ (N/m²)	p_A（相对）/ (N/m²)	p_B（相对）/ (N/m²)	油密度 $\rho_油$/ (kg/m³)
计算公式		$\rho_水 g(h_4 - h_3)$	$p_0 + \rho_水 g(h_5 - h_A)$	$p_0 + \rho_水 g(h_4 - h_B)$	$\rho_油 = \dfrac{\rho_水(h_4 - h_3)}{h_2 - h_1}$
$p_0 > p_a$	1				
	2					
	3					
$p_0 < p_a$	1				
	2					
	3					

七、思考题

1. 实验设备中，哪几根测压管的液面始终和活动调压筒内液面保持同高？哪根测压管液面始终和密封水箱内液面保持同高？为什么？

2. 当 $p_0 > p_a$，$p_0 < p_a$ 时，哪几根测压管能测出 p_0 的大小？

附：静水压强实验仪（二）

通过实验加深对静水压强基本方程的理解，实验内容：

1. 验证静水压强基本方程：$z_A + \dfrac{p_A}{\rho_{水}g} = z_B + \dfrac{p_B}{\rho_{水}g}$。

2. 加深对等压面概念的理解，即连通管中水面与水箱水面齐平。

3. 加深对真空度概念的理解，分别用测压管和 U 形管测量水箱内的真空度。$p_V = \rho_{水}gh_V$，$p_V = \rho_{油}gh'_V$，可求出待测液体的密度 $\rho_{油}$。

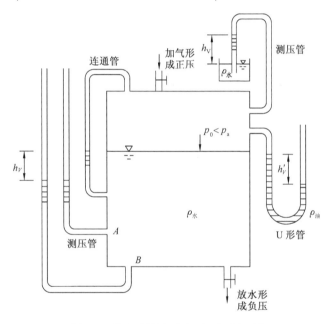

图 4-4　静水压强实验仪（二）原理图

实验二　平面静水总压力实验

一、实验目的

1. 测定矩形平面上的静水总压力。

2. 验证平面上静水总压力的计算公式。

二、实验原理

对矩形平面，由静水压强分布图可求出：矩形平面上静水总压力的大小等于压强分布图的体积，总压力的作用点通过压强分布图的形心，方向垂直指向作用面。

若压强为三角形分布（见图 4-5），则总压力大小及作用点位置分别为

$$P_{理} = \frac{1}{2} \rho g b H^2 , \quad e = \frac{1}{3} H$$

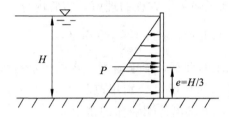

图 4-5　三角形分布的静水压强

若压强为梯形分布（见图 4-6），则总压力大小及作用点位置分别为

$$P_{理} = \frac{1}{2} \rho g (H_2^2 - H_1^2) b, \quad e = \frac{H_2 - H_1}{3} \cdot \frac{2H_1 + H_2}{H_1 + H_2}$$

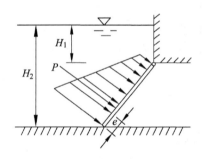

图 4-6　梯形分布的静水压强

式中：b 为矩形平面的宽度，m；

　　　H_1 为顶部水深，

　　　H_2 为底部水深，对三角形分布有 $H_1 = 0$，$H_2 = H$，m；

　　　e 为压强分布图形心离底面的距离，m。

三、实验设备

一个扇形体连接在杠杆上，以支点连接的方式放置在开口水箱上，杠杆上装有平衡锤。放水后扇形体部分浸没在水中，由于支点位于扇形体圆弧面的中心线上，除了矩形端面上的静水压力外，其余各侧面上的静水压力对支点的力矩都为零。利

用称重砝码可推算出矩形平面上的静水总压力，即由力矩平衡 $GL_G = PL_P$ 求出静水总压力。实验设备及各部分名称如图 4-7、图 4-8 所示。

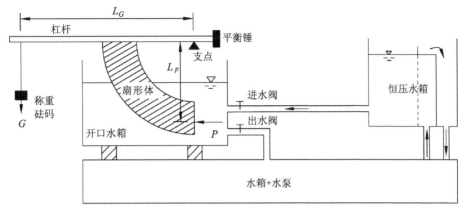

图 4-7　静水总压力实验仪原理图

图 4-8　静水总压力实验仪照片

四、实验步骤

1. 熟悉仪器，记录有关常数。

2. 调整底脚螺丝，使水准泡居中。

3. 调整平衡锤，使杠杆处于水平状态，此时扇形体的矩形端面处于铅垂位置。

4. 打开进水阀门，放水进入开口水箱，待水流上升到一定的高度，关闭进水阀。

5. 将称重砝码放到砝码架上，使平衡杆恢复到水平状态。如有微差可通过加水或放水直至平衡为止。

6. 记录砝码质量 M，同时记录水位刻度数。

7. 计算受力面积 A 和静水总压力作用点至支点的垂直距离 L_P。

8. 根据力矩平衡公式，求出铅垂平面上所受的静水总压力 $P_实$，同时用静水总压力理论公式求出相应铅垂平面上的静水总压力 $P_理$。

9. 重复步骤 4~8，压强为三角形分布的测试 3 次，梯形分布的测试 3 次，共测试 6 次。

五、注意事项

1. 加水或放水时，要注意观察杠杆所处的状态。
2. 砝码每套专用，测读砝码时要看清所注克数。

六、实验数据记录与计算

实验台编号 _____.

相关常数：杠杆力臂 $L_G =$ _____ m，扇形体底面高程 $\nabla_0 =$ _____ m；扇形体底面与支点的垂直距离 $L =$ _____ m，扇形体矩形端面宽度 $b =$ _____ m，高度 $h =$ _____ m。水的温度 $T =$ _____ ℃，水的密度 $\rho_水 =$ _____ kg/m³。

1. 记录表

类型	测次	水面标高读数 ∇ /m	砝码质量 M/kg	砝码重量 G/N
三角形分布	1			
	2			
	3			
梯形分布	4			
	5			
	6			

2. 计算表

类型	测次	水深 H_2/m	水深 H_1/m	形心距底部距离 e/m	作用力距支点距离 $L_P = L - e$/m	静水总压力/N $P_实 = GL_G/L_P$	$P_理$	误差 $\dfrac{P_实 - P_理}{P_理} \times 100\%$
三角形分布	1							
	2							
	3							

类型	测次	水深 H_2/m	水深 H_1/m	形心距底部距离 e/m	作用力距支点距离 $L_P=L-e/m$	静水总压力/N		误差 $\dfrac{P_{实}-P_{理}}{P_{理}}\times100\%$
						$P_{实}=GL_G/L_p$	$P_{理}$	
梯形分布	4							
	5							
	6							

七、思考题

1. 仔细观察刀口位置与扇形体有何关系，并说明为何要放在该位置。

2. 如将扇形体换成正方体能否进行试验？为什么？

实验三　文丘里、孔板流量计流量标定实验

一、实验目的

1. 了解文丘里、孔板流量计的原理及构造，学会使用文丘里、孔板流量计测流量的方法。

2. 掌握体积法测流量的方法，标定文丘里、孔板流量计的流量系数 μ 值。

3. 实测并绘制文丘里、孔板流量计的压差和流量的关系曲线（Q-Δh）。

二、实验原理

（一）文丘里流量计

文丘里流量计由收缩段、喉管、扩散段组成。其原理图如图 4-9 所示。

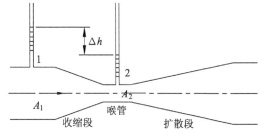

图 4-9　文丘里流量计原理图

由于断面收缩，平均流速加大，动能变大，势能减小，收缩段进口与喉管处的测压管产生水头差 Δh，只需测出 Δh，就可求出流量 Q。

对文丘里流量计收缩段前后断面列伯努利方程（不计损失，$\alpha_1 = \alpha_2 = 1.0$）

$$z_1 + \frac{p_1}{\rho g} + \frac{v_1^2}{2g} = z_2 + \frac{p_2}{\rho g} + \frac{v_2^2}{2g}$$

两断面测压管水头差为 $\left(z_1 + \dfrac{p_1}{\rho g} \right) - \left(z_2 + \dfrac{p_2}{\rho g} \right) = \Delta h$，由连续性方程 $v_1 A_1 = v_2 A_2$，得

$$v_1 = \sqrt{\frac{2g\Delta h}{\left(\frac{A_1}{A_2}\right)^2 - 1}} = K_{\text{文}}\sqrt{\Delta h}, \quad K_{\text{文}} = \sqrt{\frac{2g}{\left(\frac{A_1}{A_2}\right)^2 - 1}}$$

$$Q_{\text{理}} = v_1 A_1 = A_1 \sqrt{\frac{2g\Delta h}{\left(\frac{A_1}{A_2}\right)^2 - 1}} = K_{\text{文}} \, A_1 \sqrt{\Delta h}$$

由于阻力的存在，通过的实际流量 $Q_{\text{实}}$ 恒小于 $Q_{\text{理}}$。引入流量系数 μ 对计算所得的流量值进行修正，即

$$Q_{\text{实}} = \mu Q_{\text{理}} = \mu K_{\text{文}} \, A_1 \sqrt{\Delta h}$$

（二）孔板流量计

对于孔板流量计（见图 4-10），在孔板前后断面设静压孔，测量这两个断面的测压管水头差，可求得流量。同样对孔板前断面 1 和射流最小收缩断面 2 列伯努利方程（不计损失，$\alpha_1 = \alpha_2 = 1.0$）

$$z_1 + \frac{p_1}{\rho g} + \frac{v_1^2}{2g} = z_2 + \frac{p_2}{\rho g} + \frac{v_2^2}{2g}$$

应用连续性方程 $v_1 A_1 = v_2 A_2$，得

$$v_2 = \sqrt{\frac{2g\Delta h}{1 - \left(\frac{A_2}{A_1}\right)^2}} = K_{\text{孔}}\sqrt{\Delta h}, \quad K_{\text{孔}} = \sqrt{\frac{2g}{1 - \left(\frac{A_2}{A_1}\right)^2}}$$

$$Q_{\text{理}} = v_2 A_2 = \varepsilon v_2 A_{\text{孔}} = \varepsilon A_{\text{孔}} \sqrt{\frac{2g\Delta h}{1 - \left(\frac{\varepsilon A_{\text{孔}}}{A_1}\right)^2}} = K_{\text{孔}} \, A_{\text{孔}} \sqrt{\Delta h}$$

式中：ε——断面收缩系数，$\varepsilon = A_2 / A_{\text{孔}}$。

引入流量系数 μ 后实际流量为

$$Q_{\text{实}} = \mu Q_{\text{理}} = \mu K_{\text{孔}} \, A_{\text{孔}} \sqrt{\Delta h}$$

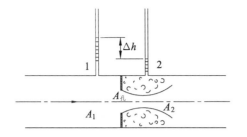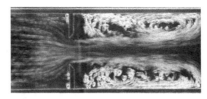

图 4-10 孔板流量计原理图

三、实验设备

文丘里、孔板流量计流量标定实验台原理图和照片分别如图 4-11、图 4-12 所示。在实验管道上串联文丘里、孔板流量计，分别在文丘里流量计收缩段前后断面，孔板流量计孔板的前后断面开设测压孔，接测压管测量压差 Δh，流量由体积法测得。

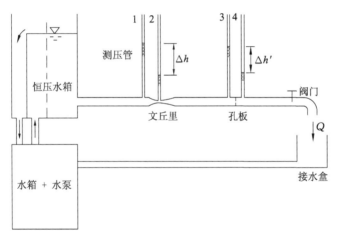

图 4-11 文丘里、孔板流量计流量标定实验台原理图

图 4-12 文丘里、孔板流量计流量标定实验台照片

四、实验步骤

1. 测记有关常数，对照实验台了解仪器的使用方法和操作步骤。

2. 启动水泵，打开进水开关给恒压水箱充水，并保持溢流状态，使水位稳定。关闭出水阀检查测压管液面是否齐平，如不平则需排气调节。

3. 全开流量调节阀，待水流稳定后，读取各测压管水面读数 h_1，h_2，h_3，h_4，并用秒表、量筒测定流量。

4. 略关小调节阀（以其中一根测压管的水位变化 0.5～1.0 cm 为宜），改变流量，按上述步骤重复 4～6 次，每次调节阀门时应缓慢。

5. 记录实验数据并进行有关计算。

6. 如测压管内液面波动，应测时均值。

7. 实验结束，校核测压管液面是否齐平。

五、注意事项

1. 每次改变流量，必须在水流稳定后方能进行实验测量。

2. 每次用体积法测流量，量筒里的水要倒进接水盒，以免循环用水不够。

3. 实验结束，关闭电源。

六、实验数据记录与计算

实验台编号_____。

相关常数：管径 $d_{1\text{文}}$ =_____ m，喉管 $d_{2\text{文}}$ =_____ m，计算值 $K_\text{文}$ =_____。

管径 $d_{1\text{孔}}$ =_____ m，孔板 $d_\text{孔}$ =_____ m，计算值 $K_\text{孔}$ =_____。

1. 记录表

测次	测压管读数/m				量水体积 V/m³	量水时间 T/s	流量 $Q_\text{实}$/（m³/s）
	h_1	h_2	h_3	h_4			
1							
2							
3							
4							
5							
6							

2. 计算表

测次	文丘里流量计				孔板流量计			
	$\Delta h/m$	$Q_{实}/$ (m^3/s)	$Q_{理}/$ (m^3/s)	$\mu=\dfrac{Q_{实}}{Q_{理}}$	$\Delta h/m$	$Q_{实}/$ (m^3/s)	$Q_{理}/$ (m^3/s)	$\mu=\dfrac{Q_{实}}{Q_{理}}$
1								
2								
3								
4								
5								
6								

3. 绘图分析

绘制 Δh - Q 曲线，并进行成果分析。

七、思考题

1. 文丘里、孔板流量计的实际流量与理论流量为什么会有差别？这种差别是由哪些因素造成的？

2. 文丘里、孔板流量计的流量系数为什么小于 1.0？

3. 文丘里、孔板流量计的流量系数是否与雷诺数有关？通常给出一个固定的流量计流量系数应该怎么理解？

4. 如果流量计的轴线是非水平放置的，测试结果是否会有变化？

5. 影响文丘里、孔板流量计标定精度的因素有哪些？

6. 安装文丘里管时，如果将上下游倒置，对结果会有什么影响？

实验四　毕托管测速实验

一、实验目的

1. 通过对管嘴淹没出流点流速及点流速系数的测量，掌握用毕托管测量点流速的方法。

2. 了解毕托管的构造和应用，并检验其测量测精度。

二、实验设备

毕托管测速实验台由水泵、恒压水箱、管嘴、毕托管、测压管、水位调节阀等组成。图 4-13、图 4-14 分别为毕托管测速实验台原理图和照片。

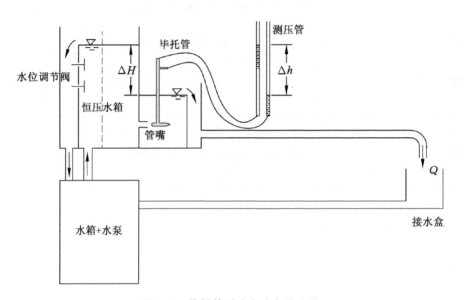

图 4-13 毕托管测速实验台原理图

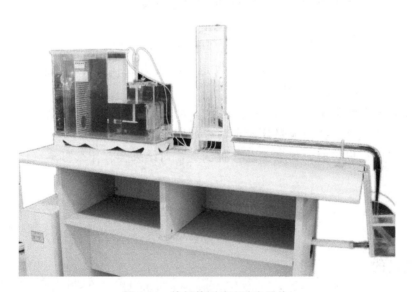

图 4-14 毕托管测速实验台照片

三、实验原理

水流经管嘴淹没出流，将高低水箱水位差的位能转换成动能，用毕托管测出其点流速值。测压管用以测量毕托管的总压和静压，水位调节阀用以改变测点的流速大小。

毕托管测速公式

$$v = c_v \sqrt{2g\Delta h}$$

式中：v 为毕托管测点处的点流速，m/s；

c_v 为毕托管的校正系数；

Δh 为毕托管总压与静压差，m。

管嘴出流公式

$$v = \varphi \sqrt{2g\Delta H}$$

式中：v 为出口断面平均流速（约等于测点处流速），由毕托管测定，m/s；

φ 为流速系数；

ΔH 为管嘴的作用水头，m。

联解上两式可得

$$\varphi = c_v \sqrt{\frac{\Delta h}{\Delta H}}$$

四、实验步骤

1. 熟悉实验装置各部分名称、作用性能、搞清构造特征、实验原理。将毕托管对准管嘴，距离管嘴出口处 2～3 cm，上紧固定螺丝。

2. 开启水泵，将流量调节到最大。

3. 待上、下游溢流后，用吸气球放在测压管口部抽吸，排除毕托管及各连通管中的气体，检查测压计液面是否齐平。液面不齐平可能是空气没有排尽，必须重新排气。

4. 测记有关常数和实验参数，填入实验表格。

5. 改变水位调节阀并相应调节水泵调速器，使溢流量适中，测得 3 个不同恒定水位与相应的流速。改变流速后，按上述方法重复测量。

6. 分别沿垂向和沿流向改变测点的位置，观察管嘴淹没射流的流速分布。

7. 在有压管道测量中，管道直径相对毕托管的直径在 6～10 倍以内时，误差在 2%～5% 以上，不宜使用。将毕托管头部伸入到管嘴中，予以验证。

8. 实验结束时，检查毕托管测压计的液面是否齐平。

五、实验数据记录与计算

实验台编号_____，毕托管标定系数_____。

记录与计算表

实验次序	上、下游水位差/m			毕托管水头差/m			测点流速/（m/s）	管嘴流速系数
	h_1	h_2	ΔH	h_3	h_4	Δh	$v=c_v\sqrt{2g\Delta h}$	$\varphi=c_v\sqrt{\dfrac{\Delta h}{\Delta H}}$
1								
2								
3								
4								
5								
6								

六、思考题

1. 利用测压管测量压强时，为什么要排气？怎样检验排净与否？

2. 毕托管的动压 Δh 和管嘴上、下游水位差 ΔH 之间的大小关系怎样？为什么？

3. 管嘴流速系数 φ 说明了什么？

4. 据激光测速仪检测，距孔口 2～3 cm 轴心处，其点流速系数 φ 为 0.996，试问本实验的毕托管精度如何？应如何标定毕托管的校正系数 c_v？

5. 为什么在光声电技术高度发展的今天，还常用毕托管这一传统的流体测速仪器？

实验五 能量方程（伯努利方程）实验

一、实验目的

1. 验证流体恒定总流的能量方程（伯努利方程）。

2. 通过实验分析，掌握有压管流中的能量水头转换特性。

3. 学会压强、平均流速、流量等的测量，掌握绘制测压管水头线和总水头线的方法。

二、实验装置

伯努利方程实验台由水泵、恒压水箱、实验管路、测压排管、阀门等组成。图4-15、图4-16分别为伯努利方程实验台原理图和照片。

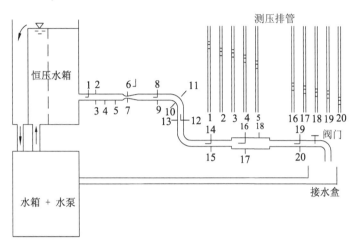

图 4-15 伯努利方程实验台原理图

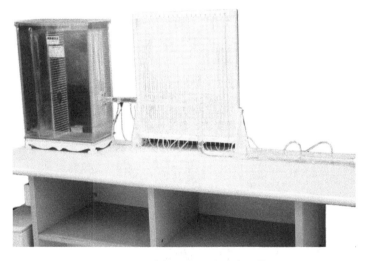

图 4-16 伯努利方程实验台照片

注：实验台中测压管有两种：一是总压管，图4-15中用直角弯管表示（管径记录表中标 * 的为总压管），用以测读相应点的总水头，它的水头线只能定性表示总水头的变化趋势；二是普通测压管，用以定量量测测压管水头。

三、实验原理

在实验管路（见图 4-15）中沿管内水流方向取 n 个过水断面。列出恒压水箱水面（0）至任一过水断面（i）的伯努利方程（$i=1, 2, 3, \cdots, n$）

$$z_1+\frac{p_1}{\rho g}+\frac{\alpha_1 v_1^2}{2g}=z_2+\frac{p_2}{\rho g}+\frac{\alpha_2 v_2^2}{2g}+h_{w1-2}=z_i+\frac{p_i}{\rho g}+\frac{\alpha_i v_i^2}{2g}+h_{w1-i}$$

取 $\alpha_1=\alpha_2=\cdots=\alpha_i=1$，选定基准面，从各断面的测压管中读出 $z_i+\frac{p_i}{\rho g}$ 值，用体积法测出通过管路的流量，计算出断面平均流速 v_i 及 $\frac{\alpha_i v_i^2}{2g}$，得到各断面的总水头，从而验证伯努利方程。

在实验管路中，各选取一组缓变流断面、急变流断面。在缓变流的过水断面上，压强分布规律与静水中相同，即测压管水头为常数。而在急变流的过水断面上因离心力的存在，测压管水头为常数的结论不成立，如图 4-17 所示。

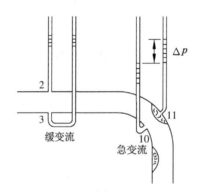

图 4-17　缓变流、急变流断面上的压强分布

四、实验步骤

1. 熟悉实验设备，分清普通测压管、总压管，以及两者功能的区别。

2. 打开电源开关，使水箱充水，待恒压水箱溢流后，检查调节阀关闭时所有测压管水面是否齐平。如不平则需查明故障原因（如连通管受阻、漏气或夹气泡等）并加以排除，直至调平。

3. 打开流量调节阀，观察：（1）测压管水头线和总水头线的变化趋势；（2）位置水头、压强水头之间的相互关系；（3）测点 2，3 测压管水头是否相同？为什么？（4）测点 10，11 测管水头是否不同？为什么？（5）当流量增加或减少时测压管水头如何变化？

4. 调节阀门开度，待流量稳定后，测记各测压管液面读数，同时测记实验流量。（总压管供演示用，不必测记读数。）

5. 改变流量 2 次，重复上述测量。其中一次阀门开度大到使阀门前的测压管液面接近标尺零点。

五、实验数据记录与计算

实验台编号_____。

相关常数：均匀段 $D_1 = $ _____ m，缩管段 $D_2 = $ _____ m，扩管段 $D_3 = $ _____ m，水箱液面高程 $\nabla_0 = $ _____ m。

1. 管径记录表。

测点编号	1*	2 3	4	5	6* 7	8* 9	10 11	12* 13	14* 15	16* 17	18	19* 20
管径/m												
距前点间距/m												

注：(1) 测点 6，7 所在断面内径为 D_2；测点 16，17，18 所在断面内径为 D_3；其余断面内径均为 D_1。

(2) 标"＊"者为总压管测点（测点编号见实验台原理图 4-15）。

(3) 测点 2，3 为直管均匀流同一断面上的两个测压点，10，11 为弯管急变流同一断面上的两个测点。

(4) 表中距前点间距用于画出图 4-15 中的管路，在此基础上绘制测压管水头线和总水头线。

2. $z_i + \dfrac{p_i}{\rho g}$ 记录表（基准面选在标尺的零点上）

m

测点编号		2	3	4	5	7	9	10	11	13	15	17	18	20	$Q/$（m^3/s）
实验次序	1														
	2														
	3														

3. 计算平均流速水头和总水头

（1）平均流速水头 $\dfrac{v^2}{2g}$

管径 D/m	$Q_1/$（m^3/s）			$Q_2/$（m^3/s）			$Q_3/$（m^3/s）		
	A/m^2	$v/$（m/s）	$\dfrac{v^2}{2g}/m$	A/m^2	$v/$（m/s）	$\dfrac{v^2}{2g}/m$	A/m^2	$v/$（m/s）	$\dfrac{v^2}{2g}/m$
D_1									
D_2									
D_3									

（2）总水头 $z_i + \dfrac{p_i}{\rho g} + \dfrac{v_i^2}{2g}$

m

测点编号	2	3	4	5	7	9	13	15	17	18	20	$Q/(\mathrm{m}^3/\mathrm{s})$
实验次序 1												
2												
3												

4. 绘图分析

绘制上述数据中最大流量下的测压管水头线和总水头线。

六、思考题

1. 测压管水头线和总水头线的变化趋势有何不同？为什么？

2. 流量增加测压管水头线有何变化？为什么？

3. 测点 2，3 和测点 10，11 的测压管读数分别说明了什么问题？

4. 试问避免喉管（测点 7）处形成真空的技术措施有哪几种？分析改变作用水头（如升高或降低水箱的水位）对喉管压强的影响情况。

5. 总压管所显示的总水头线与实测绘制的总水头线一般都略有差异，试分析其原因。

实验六　动量方程验证实验

一、实验目的

1. 验证不可压缩流体恒定总流的动量方程，进一步理解动量方程的物理意义。

2. 通过对动量与流速、流量、出射角度、动量矩等的分析，进一步掌握流体动力学的动量守恒特性。

3. 了解活塞式动量方程实验台的原理及构造，进一步启发与培养创造性思维的能力。

二、实验原理

（一）工作原理

工作水流经管嘴形成射流，冲击到带活塞和翼片的冲击平板上，并以与入射角成 90° 的方向离开冲击平板。带活塞的冲击平板在射流冲击力和测压管中的静水压力作用下处于平衡状态。

活塞形心处的压强 p_c 由测压管测得，射流的冲击力 $F = p_c A$。流量用体积法或流量计测量。为了自动调节测压管内的水位，使带活塞的平板受力平衡，以及减小摩擦阻力对活塞的作用，实验装置应用了自动控制的反馈原理和动摩擦减阻技术。

带活塞和翼片的冲击平板和带活塞套的测压管如图 4-18 所示，该图是活塞退出活塞套时的分部件示意图。活塞中心设有一细导水管，进口端位于平板中心，出口端转向 90°伸出活塞头部。在平板上设有翼片，活塞套上设有窄槽。

工作时，在射流冲击力的作用下，水流经导水管向测压管内加水。当射流冲击力大于测压管内水柱对活塞的压力时，活塞内移窄槽关小，水流外溢减少，使测压管内水位上升，压力增大。反之，活塞外移窄槽开大，水流外溢增多，测压管内水位降低，压力减小。在恒定射流冲击下，经过短时间的自动调整，即可达到射流冲击力和水压力的平衡状态。这时活塞处在半进半出、窄槽部分开启的位置上，流进测压管的水量和外溢的水量相等。由于平板上设有翼片，在水流的冲击下，平板带动活塞旋转，因而克服了活塞沿轴向滑移时的静摩擦力。

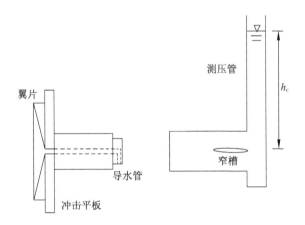

图 4-18　活塞式动量方程实验装置原理图

为验证本装置的灵敏度，在受力平衡状态下，人为地增减测压管中的液位高度，可发现即使改变量不足总液柱高度的 ±0.5%（0.5～1 mm），活塞在旋转下亦能有效地克服动摩擦力而做轴向位移，开大或减小窄槽，使过高的水位降低或过低的水位提高，恢复到原来的平衡状态。实验表明该装置的灵敏度高达 0.5%，即活塞轴向动摩擦力不足总动量力的 0.5%。

（二）实验原理

恒定总流动量方程为

$$\vec{F} = \rho Q (\beta_2 \vec{v}_2 - \beta_1 \vec{v}_1)$$

取脱离体如图 4-19 所示，因滑动摩擦阻力水平分力 $< 0.5\% F_x$，可忽略不计，列 x 方向的动量方程得

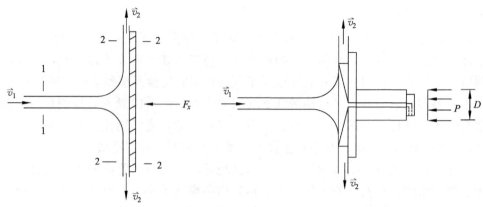

图 4-19 射流对平板的作用力

$$F_x = P = p_c A = \rho g h_c \frac{\pi D^2}{4} = \beta \rho Q v_1$$

式中：F_x 为射流对平板的冲击力，N；

$\quad\quad h_c$ 为作用在活塞形心处的水深，m；

$\quad\quad D$ 为活塞的直径，m；

$\quad\quad Q$ 为射流流量，m^3/s；

$\quad\quad v_1$ 为射流速度，m/s；

$\quad\quad \beta$ 为动量修正系数。

实验中在平衡状态下，只要测得流量 Q 和活塞形心处的水深 h_c，将给定的管嘴直径 d 和活塞直径 D 代入上式，便可验证动量方程，并可确定射流的动量修正系数 β 值。其中测压管的标尺零点已固定在活塞的形心处，因此液面标尺读数即为作用在活塞形心处的水深。

三、实验设备

动量方程实验台由水泵、恒压水箱、管嘴、冲击平板、测压管、水位调节阀门等组成，图 4-20、图 4-21 分别为动量方程实验台原理图和照片。

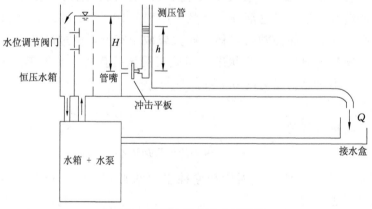

图 4-20 动量方程实验台原理图

图 4-21 动量方程实验台照片

四、实验步骤

1. 熟悉仪器，记录有关常数。

2. 打开调速器开关，水泵启动 2～3min 后，关闭调速器，以便利用回水排除水泵内的滞留空气。

3. 标尺零点已固定在活塞的圆心处。当测压管内液面稳定后，记下测压管液面标尺读数即 h_c 值。

4. 利用体积法或流量计法测流量。

5. 打开不同高度上的水位调节阀门，改变溢水高程位置，从而改变作用水头，调节调速器，使溢流量减小，等水头稳定后，按 3，4 步骤重复进行试验。

五、实验数据记录与计算

实验台编号_____。

相关常数：管嘴内径 $d=$_____ m，活塞直径 $D=$_____ m。

1. 记录表

测次	体积 V/m^3	时间 T/s	管嘴作用水头 H/m	活塞作用水头 h_c/m
1				
2				
3				
4				
5				
6				

2. 计算表

测次	流量 Q/ (m^3/s)	流速 v/ (m/s)	动量冲击力 F/N	活塞面积 A/m^2	活塞上的水 压力 P/N	误差 $\dfrac{F-P}{P}\times100\%$
1						
2						
3						
4						
5						
6						

六、思考题

1. 利用实验数据计算动量修正系数 β，并与公认值（$\beta=1.02\sim1.05$）进行比较分析。

2. 带翼片的平板在射流作用下获得力矩，这对沿 x 轴方向的动量冲击力有无影响？为什么？

3. 活塞上的细导水管出流角度对实验有无影响？为什么？

附：杠杆式动量方程实验台原理

通过杠杆平衡原理求出管嘴喷射水流对平板的冲击力，与动量方程计算出的冲击力相比较，进一步掌握动量方程，如图 4-22 所示。

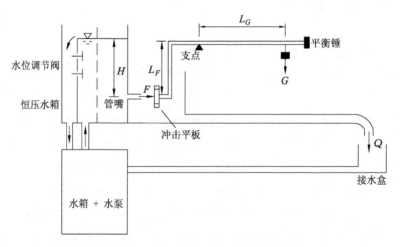

图 4-22 杠杆式动量方程实验台原理图

实验前将冲击平板通过平衡锤调节平衡，实验时在射流的冲击下杠杆会失去原有的平衡状态，这时可通过增加砝码调节平衡，于是射流对平板的冲击力可由杠杆平衡原理测得。工作水流经恒压水箱从管嘴喷出形成射流，冲击到平板上，射流对平板的冲击力可通过杠杆原理由称重砝码通过力矩平衡公式 $F \cdot L_F = G \cdot L_G$ 求出。

运用动量方程求作用力时的流量由体积法或流量计测得，射流的速度由流量除以管嘴的面积得到，由 $F = \rho Q v$ 求出对平板的冲击力。

实验七 雷诺实验

一、实验目的

1. 观察液体流动时的层流和湍流现象，加深对雷诺数的理解。
2. 测定有色液体在管中不同状态下的雷诺数。
3. 通过对有色液体在管中不同状态的分析，加深对管流不同流态的了解。
4. 测定沿程水头损失，绘制沿程水头损失和断面平均流速的关系曲线。

二、实验设备

图 4-23、图 4-24 分别是雷诺实验台原理图及照片，雷诺实验台由恒压水箱、实验管道、测压管、有色液体注入部分组成。实验时只要开启出水阀门，并打开有色液体连接管上的小阀，有色液体即可流入圆管中，显示出层流或湍流状态。

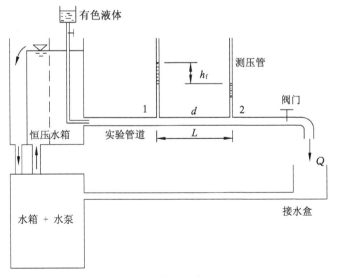

图 4-23 雷诺实验台原理图

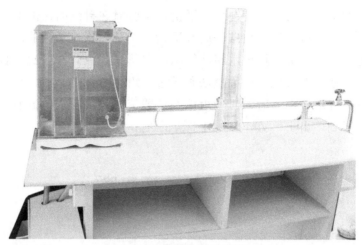

图 4-24 雷诺实验台照片

在实验管道 1, 2 过流断面上装设测压管, 用于测量断面 1-2 之间的沿程水头损失, 同时用体积法或流量计测流量, 求出管道的平均流速, 用于绘制 $\lg h_f - \lg v$ 关系曲线。

供水流量由无级调速器调控, 使恒压水箱始终保持微溢流的程度, 以提高进口前水体稳定度。恒压水箱中还设有稳水隔板, 可使稳水时间缩短到 $3 \sim 5 \text{min}$。有色液体经注水管注入实验管道, 可根据有色液体散开与否判别流态。为防止自循环水污染, 应采用自行消色的专用有色颜料。

三、实验原理

(一) 流态观察

在雷诺实验装置中, 通过有色液体质点的运动, 可以将两种流态的根本区别清晰地反映出来。如图 4-25 所示, 在层流中有色液体与水互不混掺, 呈直线运动状态, 在湍流中有大小不等的涡体振荡于各流层之间, 有色液体与水混掺。流态根据雷诺数 Re 的大小判断, 临界雷诺数 $Re_c = 2\,320$。

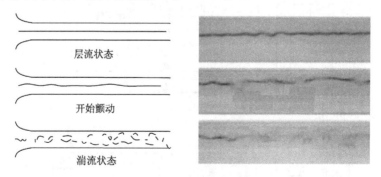

层流状态

开始颤动

湍流状态

图 4-25 流态示意图

(二) 损失规律

在如图 4-23 所示的实验台原理图中, 取 1, 2 两过流断面, 有恒定总流的能量

方程

$$z_1+\frac{p_1}{\rho g}+\frac{a_1 v_1^2}{2g}=z_2+\frac{p_2}{\rho g}+\frac{a_2 v_2^2}{2g}+h_f$$

因为管径不变，$v_1=v_2$，所以

$$h_f=\left(z_1+\frac{p_1}{\rho g}\right)-\left(z_2+\frac{p_2}{\rho g}\right)=\Delta h$$

两测压管水面高差 Δh 即为 1，2 两过流断面间的沿程水头损失，用体积法或流量计测出流量，并由实测的流量值求得断面平均流速 $v=\dfrac{Q}{A}$，作 $\lg h_f$-$\lg v$ 关系曲线，如图 4-26 所示。其方程为

$$\lg h_f=\lg k+m\lg v \quad 或 \quad h_f=kv^m$$

式中：m 为直线的斜率。

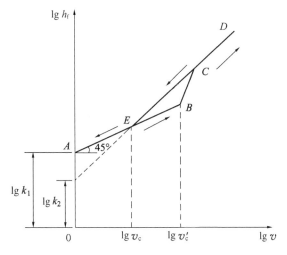

图 4-26 层流、湍流的水头损失规律

实验结果表明 AE 段 $\theta=45°$，说明沿程水头损失与流速的一次方成正比例关系，为层流区。BD 段为湍流区，沿程水头损失与流速的 $1.75\sim2$ 次方成比例，点 E 为湍流向层流转变的临界点，对应的流速为下临界流速 v_c，对应的雷诺数为下临界雷诺数 $Re_c=2\,320$。点 B 为层流向湍流转变的临界点，对应的流速为上临界流速，对应的雷诺数为上临界雷诺数。

四、实验步骤

1. 开启电源开关，向水箱充水，使水箱保持溢流。

2. 微微开启阀门及有色液体出水阀，使管中的有色液体呈一条直线，此时水流即为层流。用体积法或流量计测定管中流量。

3. 慢慢加大阀门开度，观察有色液体的变化，在某一开度时，有色液体由直线形变成波状形。用体积法或流量计测定管中流量。

4. 继续加大阀门开度，使有色液体由波状形变成微小涡体扩散到整个管内，此时管中即为湍流。用体积法或流量计测定管中流量。

5. 以相反步骤，即阀门开度从大逐渐关小，再观察管中流态的变化现象。用体积法或流量计测定管中流量。

由于水泵运行过程中水温有变化，要求每次实验需测量水温，由水的温度求运动黏度

$$\upsilon = \frac{0.017\,75}{1+0.033\,7\,T+0.000\,221\,T^2} \text{ cm}^2/\text{s}$$

五、实验数据记录与计算

实验台编号_____。

相关常数：管径 $d =$ _____ m，测压段长 $L =$ _____ m，水温 $T =$ _____℃，运动黏度 $\upsilon =$ _____ m²/s。

1. 记录计算表

实验次序	颜色水线形态	流量 $Q/(\text{m}^3/\text{s})$	流速 $\upsilon/(\text{m/s})$	沿程损失 h_f/m	雷诺数 Re	闸门开度（↑）或（↓）
1						
2						
3						
4						
5						
6						

注：颜色水线形态指稳定直线、稳定略弯曲、直线摆线、直线抖动、断续、完全散开等。

2. 绘图分析

在双对数纸上以 υ 为横坐标、h_f 为纵坐标，绘制 $\lg \upsilon - \lg h_f$ 曲线，在曲线上找出下临界流速 υ_c，计算下临界雷诺数 $Re_c = \dfrac{\upsilon_c d}{\upsilon}$。并分析不同流态下沿程水头损失的变化规律。

六、思考题

1. 液体流态与哪些因素有关？为什么外界干扰会影响液体流态的变化？
2. 雷诺数的物理意义是什么？为什么雷诺数可以用来判别流态？
3. 临界雷诺数与哪些因素有关？为什么上临界雷诺数和下临雷诺数不一样？
4. 流态判据为何采用量纲一参数，而不采用临界流速？
5. 层流和湍流在动力学和运动学特性方面各有何差异？
6. 为什么通常认为上临界雷诺数无实际意义，而采用下临界雷诺数作为层流、湍流的判据？本实验中，在相同条件下测出的下临界雷诺数与上临界雷诺数有何异同？

实验八 管道沿程阻力系数测定实验

一、实验目的

1. 掌握管道沿程阻力系数 λ 的测量和用气-水差压计及电差压计测压差的方法。
2. 加深理解圆管层流和湍流的沿程损失随平均流速变化的规律。
3. 绘出 $\lambda-Re$ 曲线并与莫迪图对比，分析其合理性，提高对实验成果的分析能力。

二、实验装置

图 4-27、图 4-28、图 4-29 分别是沿程水头损失实验台原理图及照片，该实验台由恒压水箱、实验管道、气-水差压计、电差压计等组成。

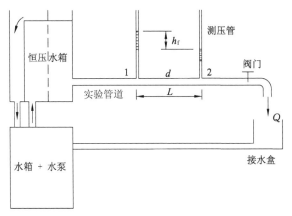

图 4-27 沿程水头损失实验台原理图（小流量时）

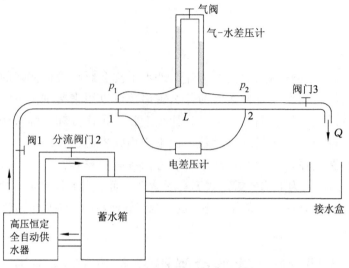

图 4-28 沿程水头损失实验台原理图

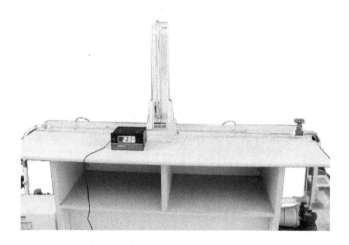

图 4-29 沿程水头损失实验台照片

三、实验原理

在图 4-27 中，对两测量断面 1，2 列伯努利方程得

$$z_1 + \frac{p_1}{\rho g} + \frac{\alpha_1 v_1^2}{2g} = z_2 + \frac{p_2}{\rho g} + \frac{\alpha_2 v_2^2}{2g} + h_f$$

因为管径不变，$v_1 = v_2$，所以

$$h_f = \left(z_1 + \frac{p_1}{\rho g}\right) - \left(z_2 + \frac{p_2}{\rho g}\right) = \Delta h$$

由达西公式 $h_f = \lambda \dfrac{L}{d} \cdot \dfrac{v^2}{2g}$，得

$$\lambda = \frac{2gdh_f}{Lv^2}$$

式中：λ 为沿程阻力系数；

h_f 为实验段两断面间管道沿程水头损失，m；

d 为实验管道内直径，m；

L 为实验段管道长度，m。

四、实验步骤

1. 熟悉各组成部件的名称、作用及工作原理。检查蓄水箱水位并记录有关实验常数。

2. 确定在阀门全开工况下启动水泵，排除实验管道、测压计中的气体，关闭阀门 3，检查气-水差压计内液面是否齐平及电差压计的压差显示器数值是否为零（接通显示器电源，调节调零旋钮，调零后不允许再调节此旋钮）。

3. 供水装置有自动启闭功能，接通电源，开启水泵。若水泵连续运转，则供水压力恒定，但在供水流量很小时（如层流实验），水泵会时转时停，供水压力波动较大。旁通分流阀门 2 的作用是为了在小流量时用分流来增加水泵的出水量，以避免时转时停造成的压力波动现象。

4. 不允许气-水压差计上的止水夹没有夹紧时，用电压差计进行大流量实验，否则会使倒 U 形测压管内的气体流入连通管里，而且测压点上的静水压能有部分转换成流速动能，造成电压差计失真。一旦出现这种情况，必须再次排气，方可继续实验。

5. 全开阀门 1 和阀门 2，调节阀门 3，开度由小到大逐次进行，当阀门 3 全开时，再逐次关闭分流阀门 2，使实验流量达到最大。

6. 每次调节流量后，稳定 2～3 min，然后用滑尺测量各测压管液面值，并用体积法或流量计测定流量。每次测量流量的时间应大于 10 s。

7. 要求测量 9 次以上，其中层流区（Δh 在 3～4 cm 水柱以下）测量 3～5 次。

8. 由于水泵运转过程中水温有变化，因而要求每次实验均需测水温一次。

9. 实验结束先关闭阀门 3，检查差压计是否回零，然后关闭阀门 1，并切断电源。

10. 据水温公式求运动黏度或查表得运动黏度。

五、实验数据记录与计算

实验台编号_____。

相关常数：圆管直径 $d=$_____ m，实验段长度 $L=$_____ m，运动黏度 $v=$_____ m²/s。

1. 记录计算表

次序	体积 $V/$ m^3	时间 $T/$ s	流量 $Q/$ (m^3/s)	流速 $v/$ (m/s)	雷诺数 Re	差压计读数/m h_1	差压计读数/m h_2	沿程损失 h_f/m	沿程阻力系数 λ
1									
2									
3									
4									
5									
6									
7									
8									
9									
10									

2. 绘图分析

在坐标纸上以 $\lg v$ 为横坐标，以 $\lg h_f$ 为纵坐标，点绘所测的 $\lg v - \lg h_f$ 关系曲线，根据具体情况连成一段或几段直线。将从图上求得的 m 值与已知各流区的 m 值（即层流区 $m=1$，光滑管流区 $m=1.75$，粗糙管湍流区 $m=2$，湍流过渡区 $1.75 < m < 2$）进行比较，确定流区。

六、思考题

1. 为什么压差计的水柱差就是沿程水头损失？实验管道安装造成向下倾斜，是否影响实验成果？

2. 影响沿程阻力系数 λ 的因数有哪些？

3. 实际的管中的流动，大多为粗糙管湍流区（湍流阻力平方区），其原因何在？

4. 管道的当量粗糙度如何测得？

5. 本次实验结果与莫迪图是否吻合？试分析其原因。

实验九　管道突扩、突缩局部阻力系数测定实验

一、实验目的

1. 掌握管路中测定局部阻力系数的方法，把所测的局部阻力系数 $\zeta_{扩}$、$\zeta_{缩}$ 与经

验公式计算值进行比较分析。

2. 了解管径局部突变，在突变断面前后测压管水头的变化，加深对局部水头损失的理解。

二、实验装置

图 4-30、图 4-31 所示分别为圆管突扩、突缩的局部水头损失实验台原理图及照片。该实验台由恒压水箱、实验管道、突然扩大、突然缩小部分组成。在实验管道突然扩大、突然缩小前后装设测压管，分别用于测量断面 1-2，3-4 之间的局部水头损失，同时用体积法测流量，求出管道的平均流速，可测得管道突扩、突缩的局部阻力系数。

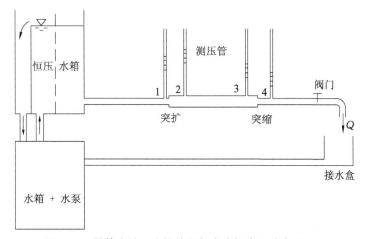

图 4-30 圆管突扩、突缩的局部水头损失实验台原理图

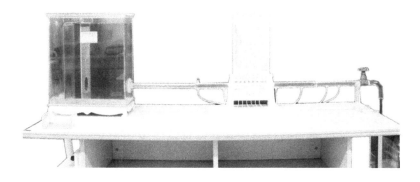

图 4-31 圆管突扩、突缩的局部水头损失实验台照片

三、实验原理

有压管道恒定流遇到管道边界的局部突变（见图 4-32），会引起流动分离并产

生旋涡，造成局部水头损失。

图 4-32　圆管突扩、突缩流态示意图

根据图 4-30 列出沿水流方向的局部阻力前后两断面的能量方程，可得局部阻力系数（对应流过局部装置后的速度水头）。

（一）突然扩大

$$h_j = \left(z_1 + \frac{p_1}{\rho g} + \frac{\alpha_1 v_1^2}{2g} \right) - \left(z_2 + \frac{p_2}{\rho g} + \frac{\alpha_2 v_2^2}{2g} \right)$$

实测值 $\zeta = \dfrac{h_j}{\dfrac{v_2^2}{2g}}$，经验公式值 $\zeta'_{扩} = \left(\dfrac{A_2}{A_1} - 1 \right)^2$

（二）突然缩小

$$h_j = \left(z_3 + \frac{p_3}{\rho g} + \frac{\alpha_3 v_3^2}{2g} \right) - \left(z_4 + \frac{p_4}{\rho g} + \frac{\alpha_4 v_4^2}{2g} \right)$$

实测值 $\zeta = \dfrac{h_j}{\dfrac{v_4^2}{2g}}$，经验公式值 $\zeta'_{缩} = 0.5 \left(1 - \dfrac{A_4}{A_3} \right)$

四、实验步骤

1. 打开电源开关，使恒压水箱充水，排除实验管道中的滞留气体。待水箱溢流后，检查泄水阀全关时各测压管液面是否齐平，若不平则需排气调平。

2. 打开泄水阀至最大开度，待流量稳定后，测记测压管读数，同时用体积法或称重法测记流量。

3. 逐渐关小泄水阀开度 3～4 次（每次测压管高度改变 5～10 mm 即可），分别测记测压管读数及流量。

4. 实验完成后关闭泄水阀，检查测压管液面齐平后再关闭电源开关。

五、注意事项

1. 每次改变流量后，要等测压管水位稳定后，再读测。
2. 注意突扩前后的断面的选择位置。

六、实验数据记录与计算

实验台编号_____。

相关常数：$d_1 =$_____ m，$d_2 = d_3 =$_____ m，$d_4 =$_____ m。

1. 记录表

次序	流量			测压管读数/m			
	体积 V/m^3	时间 $t/(\text{m}^3/\text{s})$	流量 $Q/(\text{m}^3/\text{s})$	h_1	h_2	h_3	h_4
1							
2							
3							

2. 计算表

阻力形式	次序	前断面/cm		后断面/m		h_j/m	ζ
		$\dfrac{\alpha v^2}{2g}$	$z+\dfrac{p}{\rho g}+\dfrac{\alpha v^2}{2g}$	$\dfrac{\alpha v^2}{2g}$	$z+\dfrac{p}{\rho g}+\dfrac{\alpha v^2}{2g}$		
突然扩大	1						
	2						
	3						
突然缩小	1						
	2						
	3						

3. 比较分析

将实测 ζ 值与经验公式计算值进行比较分析。

七、思考题

1. 局部突然扩大后，断面上的测压管水位是如何变化的？为什么？

2. 结合流动显示仪演示的水力现象，分析产生突扩与突缩局部阻力损失的主要部位，并说明减小局部阻力损失的方法。

实验十 孔口与管嘴出流实验

一、实验目的

1. 掌握测定薄壁孔口与管嘴出流的断面收缩系数 ε、流量系数 μ、流速系数 φ、局部阻力系数 ζ 的测量方法。

2. 观察孔口及管嘴自由出流的水力现象，并通过对不同孔口与管嘴的流量系数测量分析，了解进口形状对过流能力的影响及相关水力要素对孔口出流能力的影响。

二、实验原理

在盛有液体的容器侧壁上开一小孔，液体在一定水头作用下，从各个方向流向孔口，并以射流状态流出，由于水流惯性作用，在流经孔口后，断面发生收缩现象，在离孔口 1/2 直径处达到最小值，形成收缩断面。如图 4-33 所示。

若在孔口上装一段 $L=（3\sim4）d$ 的短管，形成管嘴出流。当液流经过管嘴时，在管嘴进口处液流仍有收缩现象，使收缩断面的流速大于出口流速。因此，管嘴收缩断面处的压强必小于大气压强，在管嘴内形成真空，其真空度约为 $h_v=0.75H$，真空的存在相当于提高了管嘴的作用水头。因此，管嘴的过水能力比相同尺寸和作用水头的孔口大 32%。

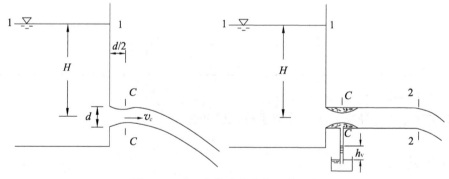

图 4-33 孔口和管嘴出流的流动现象

在恒定流条件下，应用能量方程可得孔口与管嘴自由出流公式

$$孔口：v_c=\frac{1}{\sqrt{1+\zeta}}\sqrt{2gH}=\varphi\sqrt{2gH}，\quad Q=\varphi\varepsilon A\sqrt{2gH}=\mu A\sqrt{2gH}$$

式中：$\mu=\dfrac{Q}{A\sqrt{2gH}}$，$\varepsilon=\dfrac{A_c}{A}=\dfrac{d_c^2}{d^2}$，$\varphi=\dfrac{v_c}{\sqrt{2gH}}=\dfrac{\mu}{\varepsilon}=\dfrac{1}{\sqrt{1+\zeta}}$，$\zeta=\dfrac{1}{\varphi^2}-1$。

管嘴：$v = \dfrac{1}{\sqrt{1+\sum\zeta}}\sqrt{2gH} = \varphi\sqrt{2gH}$，$\quad Q = \varphi A\sqrt{2gH} = \mu A\sqrt{2gH}$

式中：$\mu = \varphi = \dfrac{Q}{A\sqrt{2gH}}$，$\varphi = \dfrac{1}{\sqrt{1+\sum\zeta}}$，$\sum\zeta = \dfrac{1}{\varphi^2} - 1$。

三、实验设备

图 4-34、图 4-35 所示分别为孔口与管嘴出流实验台原理图及照片，该实验台孔口与管嘴均位于水箱的侧壁上。恒压水箱内设有溢流板以保持水头恒定，设有稳水栅以保证水流均匀。在圆柱形管嘴收缩断面处设测压管以观察真空现象并测量真空度。用标尺测量工作水头，采用卡钳量测孔径与收缩直径、体积法（或称重法）测流量。

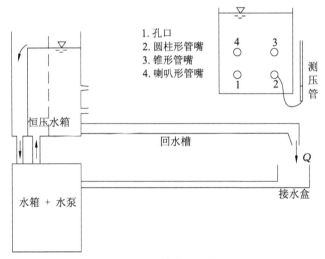

图 4-34　孔口与管嘴实验台原理图

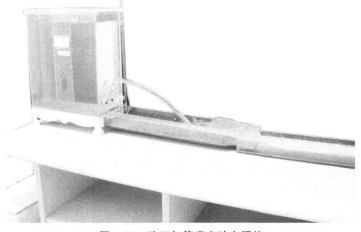

图 4-35　孔口与管嘴实验台照片

四、实验步骤

1. 记录实验常数，各孔口和管嘴用橡皮塞塞紧。
2. 打开水泵开关，使恒压水箱充水，至溢流后，再打开圆柱形管嘴（先旋转旋板挡住管嘴，然后拔掉橡皮塞，最后旋开旋板），待水面稳定后，测定水箱水面高程标尺读数，用体积法（或称重法）测定流量（要求重复测量 3 次，时间尽量长些，以求准确）。测量完毕，先旋转水箱内的旋板，将管嘴进口盖好，再塞紧橡皮塞。
3. 打开圆锥形管嘴，测记恒压水箱水面高程标尺读数及流量，观察和量测圆柱形管嘴出流时的真空情况。
4. 打开喇叭形管嘴，测量恒压水箱水面高程标尺读数及流量。
5. 打开孔口，观察孔口出流现象，测量水面高程标尺读数及孔口出流流量，测记孔口收缩断面的直径（重复测量 3 次）。改变孔口出流的作用水头（可减少进口流量），观察孔口收缩断面直径随水头变化的情况。
6. 关闭水泵，清理实验桌面及场地。

五、注意事项

1. 实验次序为先管嘴后孔口，每次塞橡皮塞前，先用旋板将进口盖住，以免水花溅开。
2. 量测收缩断面直径：用孔口两边的移动触头。松动螺丝，移动一边触头将其与水股切向接触，并旋紧螺丝，再移动另一边触头，使之与水股切向接触，并旋紧螺丝。再将旋板开关以顺时针方向关上孔口，用卡尺测量触头间距，即为射流直径。实验时将旋板置于不工作的孔口（或管嘴）上，尽量减少旋板对工作孔口、管嘴的干扰。
3. 实验时注意观察各出流的流股形态，并做好记录。

六、实验数据记录与计算

实验台编号_____。

相关常数：圆柱形管嘴 $d_1 =$ _____ m，出口高程 $Z_1 =$ _____ m；圆锥形管嘴 $d_2 =$ _____ m，出口高程 $Z_2 =$ _____ m；喇叭形管嘴 $d_3 =$ _____ m，出口高程 $Z_3 =$ _____ m；孔口 $d_4 =$ _____ m，出口高程 $Z_4 =$ _____ m。

记录与计算表

分类 项　目	圆柱形管嘴			圆锥形管嘴			喇叭形管嘴			孔口		
水面读数 H/m												
体积 V/m³												
时间 t/s												
流量 Q/(m³/s)												
平均流量 Q/(m³/s)												
面积 A/m²												
流量系数 μ												
测压管读数 h/m												
真空度 h_v/m												
收缩直径 d_c/m												
收缩断面 A_c/m²												
收缩系数 ε												
流速系数 φ												
阻力系数 ζ												
流股形态												

七、思考题

1. 结合观测的不同类型管嘴与孔口出流的流股特征，分析流量系数不同的原因及增大过流能力的途径。

2. 观察孔口出流的侧收缩率在 $d/H>0.1$ 时，较 $d/H<0.1$ 时有何不同？

3. 为什么要求圆柱形外管嘴长度 $L=（3\sim4）d$？当圆柱形外管嘴长度 L 大于或小于（3～4）d 时会出现什么情况？

实验十一　明渠糙率测定实验

一、实验目的

1. 掌握明渠糙率 n 值的测定方法。
2. 通过实验加深对影响糙率 n 值因素的理解。
3. 绘制均匀流水深和糙率的关系曲线（即 $h_0 - n$ 曲线）。

二、实验原理

在长直的正坡棱柱体明渠中，若底坡和糙率沿程不变，当通过某一固定流量时，就会发生均匀流动，对于明渠均匀流，流速 v 可用谢才公式表示，即

$$v = C\sqrt{RJ}$$

因为均匀流中渠道底坡 i 等于水力坡度 J，即 $i = J$，所以流量 Q 为

$$Q = vA = AC\sqrt{Ri}$$

式中：C 为流速系数，由曼宁公式表示，$C = \dfrac{1}{n}R^{1/6}$；

n 为渠道的粗糙系数（糙率），也称为曼宁系数，是一个反映渠道边壁粗糙程度以及其他因素对水流阻力影响的综合参数。

于是有

$$Q = \frac{1}{n}AR^{2/3}i^{1/2} \quad \text{或} \quad n = \frac{1}{Q}AR^{2/3}i^{1/2}$$

式中：Q 为流量，m^3/s；

　　　A 为过流断面面积，m^2；

　　　v 为流速，m/s；

　　　C 为流速系数；

　　　R 为水力半径，m；

　　　i 为渠道底坡；

　　　n 为糙率。

直角（$\theta = 90°$）三角形堰流量计算公式：$Q = 1.343H^{2.57}$。其中 H 的单位为 m，Q 的单位为 m^3/s。

三、实验设备

可变底坡的自循环活动有机玻璃水槽，首部固定高程，尾部可以升降，以调节

渠道的底坡，如图 4-36、图 4-37 所示，流量用三角堰测量。

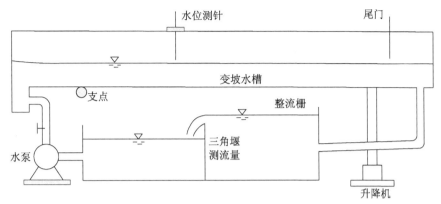

图 4-36　变坡实验水槽原理图

图 4-37　变坡实验水槽照片

四、实验步骤

1. 将活动有机玻璃水槽调至适当坡度（$i>0$），使槽身底坡保持不变。

2. 打开水泵电源开关，使水进入上层水槽，待水流稳定后，在水槽中部选取一渐变流段，用活动测针（或钢尺）沿该段测取几个水深相等时，此流段即为均匀流段，该水深即为均匀流水深。若相邻两断面的水深极为接近（不超过 2 mm）亦可视该流段为均匀流段，以两断面水深的平均值作为正常水深。计算出过水断面面积 A 和水力半径 R。

3. 在已选好的均匀流段取上、下两过水断面，测读上、下游两断面的槽底高程 $Z_上$，$Z_下$ 和两断面间的距离 L，计算底坡 i。

4. 测量有机玻璃槽中流量，代入公式算出有机玻璃的糙率 n 值。查 n 值表，求实测值和经验值二者的相对误差。

5. 重复实验步骤 1～4，调节不同底坡或流量进行测量，共测试 4～6 次，得出糙率随水深的变化，绘制 h_0-n 曲线。

五、注意事项

1. 调节底坡后，有机玻璃水槽的底坡和水流应保持稳定，否则会影响均匀流的产生。

2. 调节流量时，要缓慢开启闸阀，不可全关阀门。

3. 调节底坡时，要缓慢进行，以免槽身升降速度太快，难以调准。

六、实验记录及计算

实验台编号_____。

相关常数：三角堰底高程 $Z=$_____m，水槽宽度 $b=$_____m，测试段长度 $L=$_____m。

记录及计算表

测次	槽底高程 Z_1/m	槽底高程 Z_2/m	底坡 $i=J$	均匀流水深 h_0/m	过水断面面积 A/m²	水力半径 R/m	三角堰作用水头 H/m	流量 Q/(m³/s)	糙率 n
1									
2									
3									
4									
5									
6									

七、思考题

1. 测量糙率时，为什么要选取均匀流段？如果在非均匀流段，又如何测量明槽的糙率？

2. 试分析影响糙率 n 值的因素。

实验十二　堰流实验

一、实验目的

1. 实测自由出流条件下实用堰（或宽顶堰）流量系数 m 值的大小，绘出流量系数 m 值和堰作用水头（全水头）H_0 之间的关系曲线（$H_0 - m$），加深对 m 值影响因素的理解。

2. 测定堰流淹没系数，观察堰流从自由出流到淹没出流变化的水流现象。

二、实验设备

堰流实验台原理如图 4-38 所示。

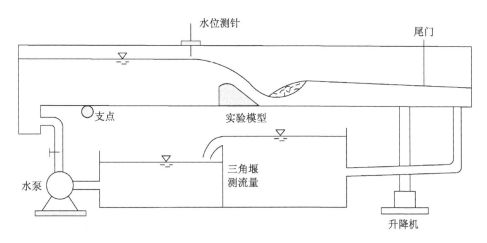

图 4-38　堰流实验台原理图

三、实验原理

在明渠中，当设置某一堰型的建筑物后，水流的运动状态发生变化，如图 4-39 所示。根据能量方程导出在无侧收缩自由出流时堰流的基本公式

$$Q = mb\sqrt{2g}H_0^{3/2} \quad \text{或} \quad m = \frac{Q}{b\sqrt{2g}H_0^{3/2}}$$

式中：Q 为流量，$\mathrm{m^3/s}$，用三角堰测量；

　　　b 为堰宽，m；

　　　H_0 为堰上全水头，$H_0 = H + \dfrac{v_0^2}{2g}$；

H 为堰上水头（在距离堰顶前（3～4）H 处测量），m；

m 为流量系数。

图 4-39　实用堰自由出流

淹没出流状态下堰流公式为

$$Q=\sigma mb\sqrt{2g}H_0^{3/2} \quad 或 \quad \sigma=\frac{Q}{mb\sqrt{2g}H_0^{3/2}}$$

式中：σ 为淹没系数；

m 为自由出流情况下实测的流量系数；

H_0 为淹没出流情况下的堰上全水头。

直角（$\theta=90°$）三角形堰流量计算公式：$Q=1.343H^{2.57}$。其中 H 的单位为 m，Q 的单位为 m^3/s。

四、实验步骤

1. 熟悉实验设备，记录三角形量水堰堰底测针读数、实用堰宽度、堰顶测针读数等有关数据。

2. 打开进水阀门，放水进水槽，并调节尾门，保持自由出流，待水流稳定后，分别测量三角形量水堰和实用堰堰前（3～4）H 处的水面测针读数。

3. 从小到大依次改变流量，重复以上步骤，共测试 3～6 次。

4. 测定淹没出流时，调节尾门，改变下游水深，使堰流从自由出流缓缓向淹没出流过渡，并注意观察堰上、下游水位的变化情况。

5. 当水流变成淹没出流时，测记该状态下堰上游水面测针读数和堰下游水面测针读数。

6. 列表计算，并绘出各种流量下的 H_0-m 关系曲线，分析 m 值随 H_0 的变化规律。

7. 计算堰流的淹没系数 σ。

五、注意事项

1. 实测堰流流量系数时应从小到大依次改变测量流量，每次的改变量不要太大，尽量使每次的改变量大致相同。

2. 每改变一次流量，观察几分钟，待水流稳定后再测量。

3. 实测堰流流量系数时的最小流量，不宜太小，要保持三角形量水堰水舌脱离堰板。

4. 实测堰流的淹没系数时，应在大流量的情况下，保持来流稳定，改变下游水深而形成淹没。

5. 下游尾门在实验时切勿完全关闭，以免引起水流外溢。

六、实验数据记录及计算

实验台编号_____。

相关常数：三角堰堰底高程 $Z_1 =$ _____ m，水槽宽度 $b_1 =$ _____ m，实用堰堰底高程 $Z_2 =$ _____ m，实用堰宽度 $b_2 =$ _____ m。

记录及计算表

测次	三角堰作用水头 H/m	流量 Q/(m^3/s)	过水断面面积 A/m^2	速度 v/(m/s)	实用堰作用水头 H_0/m	流量系数 m	淹没系数 σ
1							
2							
3							
4							
5							
6							

七、思考题

1. 为什么量测堰上水头的断面要在堰前 (3~4)H 处？

2. 根据实验，分析影响堰流流量系数 m 值大小的因素有哪些？

3. 当被测的堰流从自由出流转变到淹没出流时，是从何处观察出水流开始发生淹没的？

实验十三　喷管沿程压强分布测量实验

一、实验目的

1. 测定气流完全膨胀、膨胀不足、膨胀过度时沿喷管的压强变化值，同时测定最大流量和压强比的关系。
2. 通过实验了解工作条件——背压变化对流动过程的影响。

二、实验设备

喷管实验台如图 4-40、图 4-41 所示，图 4-42 为喷管照片。该实验设备由喷管、孔板流量计、U 形压差计、温度计、大气压力计、真空泵、稳压罐等组成。喷管各截面上的压强用静压探针测量，取压管由转动手柄沿轴向移动进行沿程压强分布测量。

用真空泵作气源，配置稳压罐使气源压强稳定，安装在喷管排气口侧。喷管入口的气体状态用入口压力表和温度计进行测量，气体流量用孔板流量计测量。喷管排气管中的背压 p_b 由背压压力表测量。喷管的沿程压强分布测量用轴向移动静压探针的位置，用可移动压力表逐一进行测量。实验中要求喷管入口的压强不变。

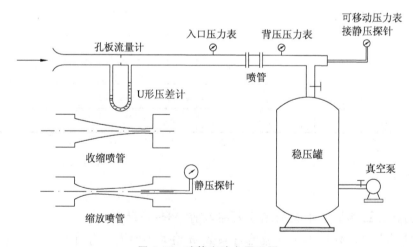

图 4-40　喷管实验台原理图

图 4-41　喷管实验台照片

图 4-42　喷管照片

三、实验原理

气体流经喷管的流动过程中，气流的状态参数密度 ρ、流速 v 和截面积 A 之间的关系可表示为

$$\frac{\mathrm{d}\rho}{\rho}+\frac{\mathrm{d}A}{A}+\frac{\mathrm{d}v}{v}=0$$

由此可知，当喷管的使用条件发生变化时（如背压变化），喷管内气流的沿程压强分布会发生变化，流速和流量亦将发生相应的变化。

如进口压强 p_0（进口流速为零时的压强，也称滞止压强）不变，通过调节喷管出口处的环境压强（即背压 p_b），可观察到气流流经喷管的膨胀程度。气体在渐缩喷管内做绝热流动时最大膨胀程度取决于临界压强比 β_{cr}。

$$\beta_{cr} = \frac{p_{cr}}{p_0} = \left(\frac{2}{k+1}\right)^{\frac{k}{k-1}}$$

由上式可见临界压强比只与气体的绝热指数 k 有关，对于空气 $k=1.4$，故 $\beta_{cr}=0.5283$，p_{cr} 为气体在渐缩喷管中膨胀时所能达到的最低压强（此时喷管出口流速为声速），称为临界压强。由于 $p_{cr}=\beta_{cr}p_0$，可看出 p_{cr} 值决定于进口压强 p_0。若进口流速很小可忽略，则 $p_1=p_0$（p_1 为进口压强）。气体在渐缩喷管中由 p_1 膨胀到 $p_2=p_{cr}$，这是最充分的完全膨胀。此时喷管出口的气流流速达到当地声速的数值，称为临界流速。当背压 p_b 低于临界压强 p_{cr} 时，气体在渐缩喷管中不能继续膨胀到背压 p_b 的值，只能到 p_{cr} 值，且不受 p_b 降低的影响。在喷管出口截面上的气流流速仍为临界流速，但当气流一旦离开出口截面就发生突然膨胀，压强降低到 p_b 的值，并因此损失一部分动能。

与之不同的是，气体流经渐缩渐扩喷管时的膨胀程度取决于喷管的出口截面积 A_2 与最小截面积 A_{min} 的比值。气流在不同的背压情况下，气流在喷管中会出现完全膨胀、膨胀不足、膨胀过度的情况。在膨胀过度时出现激波，其位置在扩散段内前后移动。喷管在设计工况背压条件下，气流在管内完全膨胀，此时在最小截面上压强为临界压强 p_{cr}，气流亦相应达到临界流速，在渐扩段转入超声速流动。

四、实验步骤

1. 预先打开真空泵冷却水阀门，并将水量调节适度。
2. 关闭真空泵进气阀，否则无法启动。
3. 用手晃动几下真空泵飞轮，以减小启动阻力。
4. 启动电动机带动真空泵，待润滑轴承处机油管充有机油后，便可开始实验。
5. 按真空度由小到大选定 5 种工况背压值。当背压表值稳定后，按顺序由左向右移动静压探针手轮，选取并记录喷管截面坐标为 0，5，10，15，20，25，30，35 处的沿程压强值、孔板压差值、背压值、大气压强值，并记录在表中。需要说明的是，p_{35} 和 p_b（出口截面外压强）除了前述膨胀不足时二者有差异，需专门记录 p_b 外，其他情况因 $p_{35}=p_b$，故不需记录。另外，由于表中记录的压强值皆为负压，故作沿程压强分布曲线时，表中数据皆需换算成绝对压强。

五、实验数据记录与计算

1. 数据记录

测次	预定背压	p_0	$p_{x=0}$	$p_{x=5}$	$p_{x=10}$	$p_{x=15}$	$p_{x=20}$	$p_{x=25}$	$p_{x=30}$	$p_{x=35}$	p_b	Δp
1												
2												
3												
4												
5												

2. 绘图分析

以压强为纵坐标、测压孔位置为横坐标，绘制不同工况（背压）时喷管内的压强分布曲线。负压换算成绝对压强，即绝对压强（Pa）＝大气压强（Pa）－真空表读数（Pa）。

六、思考题

1. 实验前如何选定实验条件（入口压强和背压）才能观察到膨胀不足、膨胀过度等各种流动现象，并进行理论分析？
2. 当背压变化时，流量是如何变化的？

实验十四　达西定律实验

一、实验目的

1. 测定均质砂的渗透系数 K 值。
2. 测定渗过砂体的渗流量与水头损失的关系，验证渗流的达西定律。

二、实验设备

如图 4-43、图 4-44 所示，在直立圆筒中装入均质砂，底部装一块滤板，实验用水由恒压水箱供给，恒定水流由砂体上部进入，渗过砂体的水由底部流出，用量筒与秒表测定渗流量 Q（体积法测流量）。在圆筒侧壁上装测压管，测定渗流水头损失。为使渗流均匀，图 4-44 采用反向渗流装置，即水流由下而上进行实验。

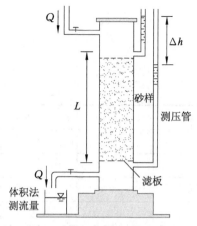

图 4-43　达西定律实验台原理图

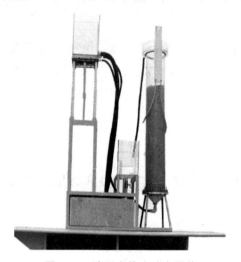

图 4-44　达西定律实验台照片

三、实验原理

液体在孔隙介质中流动时，由于黏滞性作用将会产生能量损失。达西（Henri Darcy）在 1852 年通过实验，总结得出渗流能量损失与渗流速度成一次方的线性规律（见图4-45），称为达西定律。

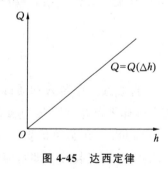

图 4-45　达西定律

由于渗流速度很小，因而速度水头可以忽略不计。因此总水头 H 可用测管水头 h 表示，水头损失 h_w 可用测管水头差表示，即 $h_w = h_1 - h_2 = \Delta h$。于是水力坡度 J 可用测压管水头坡度表示，即

$$J = \frac{h_w}{L} = \frac{h_1 - h_2}{L} = \frac{\Delta h}{L}$$

式中：L 为两个测压管孔之间的距离，m；

h_1，h_2 为两个测压孔的测压管水头，m。

达西通过大量实验，得到圆筒内渗流量 Q 与圆筒断面面积 A 和水力坡度 J 成正比，并和土壤的透水性能有关，基本关系式为

$$Q = KAJ, \quad v = \frac{Q}{A} = KJ$$

式中：Q 为渗流量，m^3/s；

v 为渗流简化模型的断面平均流速，m/s；

K 为反映孔隙介质透水性能的综合系数，称为渗透系数。

渗流雷诺数用下列经验公式求

$$Re = \frac{vd_e}{v} = \frac{1}{0.75n + 0.23}$$

式中：d_e 为砂样有效粒径；

n 为孔隙率。

通常认为当 $Re < 1 \sim 10$ 时，达西定律是适用的。如绝大多数细颗粒土壤中的渗流。

四、实验步骤

1. 记录基本常数，包括实验圆筒内径 D、测孔间距 L 及砂样有效粒径 d_e、孔隙率 n、水温 T。

2. 开启供水管注水，让水浸透圆筒内全部砂体并使圆筒充满水；一般按流量从大到小顺序进行实验。待水流稳定后，即可量测两个测压管的水头，并用体积法测定渗流量。

3. 依次调节流量，待水流稳定后进行上述测量，共测 10 次。

五、实验数据记录与计算

仪器编号_____。

相关常数：筒径 $D =$ _____ m，测孔间距 $L =$ _____ m，砂粒有效粒径 $d_e =$ _____ m，空隙率 $n =$ _____，渗透水温度 $T =$ _____ ℃，运动黏性系数 $v =$ _____ m^2/s。

1. 记录表

测次	测压管水头		渗流量		
	h_1	h_2	体积 V/m^3	时间 t/s	$Q/(\text{m}^3/\text{s})$
1					
2					
3					
4					
5					
6					
7					
8					
9					
10					

2. 计算表

测次	水头损失 $\Delta h/\text{m}$	渗流量 $Q/(\text{m}^3/\text{s})$	水力坡度 J	流速 $v/(\text{m}/\text{s})$	渗透系数 $K/(\text{m}/\text{s})$	雷诺数 Re
1						
2						
3						
4						
5						
6						
7						
8						
9						
10						

3. 绘图分析

绘出 $v-J$、$Q-\Delta h$ 关系曲线，求出渗流线性定律的使用范围与相应的临界雷诺数 Re。

六、注意事项

1. 实验开始前要浸透圆筒内砂体，不留空气，两侧压管内也不存留气泡；Q

为零时，两个测压管内水面应保持齐平。

2. 每次实验时，恒压供水箱应保持溢流，使实验水头恒定。实验流量不能过大，以免砂样向上浮涌。

七、思考题

1. 当砂样有效粒径 d_e 不变时，流量 Q 为多少即为渗流实验上限？
2. 当流量 Q 不变时，d_e 等于多大时为实验上限？
3. 若要确定达西定律的适用范围，上述实验应如何进行？

第五章

综合设计类实验

实验一 管道流量测量综合分析实验

一、实验目的

1. 通过实验掌握电磁流量计、涡轮流量计、文丘里流量计、孔板流量计、转子流量计、称重法或体积法等流量测量的方法，了解其原理。

2. 用电磁流量计、涡轮流量计、文丘里流量计、孔板流量计、转子流量计、称重法或体积法测定管道同一瞬时通过的流量，分析比较其精度。

3. 标定文丘里流量计、孔板流量计的流量系数，并与给定流量系数进行比较分析。

二、实验设备

管道流量测量综合实验台原理如图 5-1 所示，图 5-2 为实验台照片。

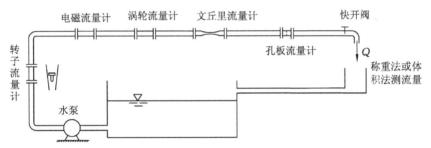

图 5-1 管道流量测量综合实验台原理图

图 5-2 管道流量测量综合实验台照片

三、实验原理

电磁流量计、涡轮流量计、文丘里流量计、孔板流量计、转子流量计的工作原理参见第一章中流量测量的相关内容。将多种测量流量的方法用于测定管道同一瞬时通过的流量进行对比分析，并比较其精度。

四、实验步骤

1. 连接好各流量计的接线，并检查是否正确，在确认无误后，接入电源开启水泵，打开出水快开阀，检查各流量计工作是否正常。
2. 记录相关常数。
3. 测记各流量计的流量，同时用称重法或体积法测流量。
4. 调节出水快开阀，再测记各流量计的流量，同时用称重法或体积法测流量。
5. 重复 3，4 步骤 3～6 次。
6. 关闭各流量计和水泵电源。

五、思考题

1. 各流量计同一瞬时测得的流量是否一样？为什么？
2. 你认为各流量计的优缺点各是什么？应如何选择使用？
3. 对于管道内为半管水流时，上述流量测量设备和方法是否能使用？为什么？

实验二　管路特性综合测试分析实验

一、实验目的

1. 通过实验掌握测定管道各特性参数的方法，了解仪器的构造和使用。
2. 测定管道突然扩大、突然缩小和弯头的局部损失及相应的局部阻力系数。
3. 测定 4 种不同粗糙度管道的沿程损失和沿程阻力系数，总结沿程阻力系数的变化规律（绘图），分析其异同。
4. 分别测定管道串、并联时的流量，分析其相互关系。
5. 掌握用文丘里流量计、体积法测流量的方法和注意点，比较其测流量精度，标定相关流量系数。
6. 在尾阀开度不变的情况下，测定并比较单管和并联双管的过流量等特性。

二、实验设备

管路特性综合实验台原理如图 5-3、图 5-4 所示，图 5-5 为实验台照片。

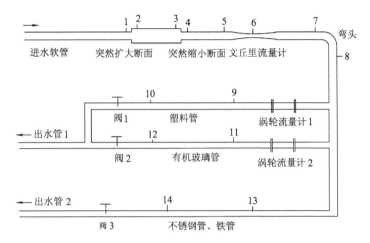

图 5-3 自循环管路特性综合实验台平面原理图

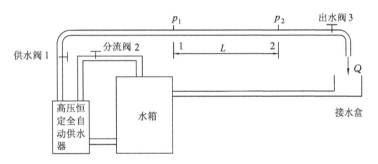

图 5-4 自循环管路特性综合实验台侧面原理图

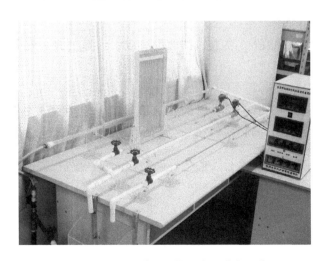

图 5-5 自循环管路特性综合实验台照片

三、实验原理

（一）局部阻力系数测量

写出沿水流方向的局部损失前后两断面的伯努利方程可得相应的局部水头损失。

(1) 突然扩大（不计两断面间的沿程水头损失），$\zeta_{扩}$ 对应下游 v_2 的速度水头

$$h_{j扩} = \left(z_1 + \frac{p_1}{\rho g} + \frac{\alpha_1 v_1^2}{2g}\right) - \left(z_2 + \frac{p_2}{\rho g} + \frac{\alpha_2 v_2^2}{2g}\right)$$

实测值 $\zeta_{扩} = \dfrac{h_{j扩}}{\dfrac{v_2^2}{2g}}$　　　理论值 $\zeta'_{扩} = \left(\dfrac{A_2}{A_1} - 1\right)^2$

(2) 突然缩小（不计两断面间的沿程水头损失），$\zeta_{缩}$ 对应下游 v_4 的速度水头

$$h_{j缩} = \left(z_3 + \frac{p_3}{\rho g} + \frac{\alpha_3 v_3^2}{2g}\right) - \left(z_4 + \frac{p_4}{\rho g} + \frac{\alpha_4 v_4^2}{2g}\right)$$

实测值 $\zeta_{缩} = \dfrac{h_{j缩}}{\dfrac{v_4^2}{2g}}$　　　经验公式值 $\zeta'_{缩} = 0.5\left(1 - \dfrac{A_4}{A_3}\right)$

(3) 弯管（不计两断面间的沿程水头损失），$\zeta_{弯}$ 对应下游 v_8 的速度水头

$$h_{j弯} = \left(z_7 + \frac{p_7}{\rho g} + \frac{\alpha_7 v_7^2}{2g}\right) - \left(z_8 + \frac{p_8}{\rho g} + \frac{\alpha_8 v_8^2}{2g}\right) = \frac{p_7}{\rho g} - \frac{p_8}{\rho g} = \frac{\Delta p}{\rho g}$$

其中 $z_7 = z_8$，$v_7 = v_8$，于是 $\zeta_{弯} = \dfrac{h_{j弯}}{\dfrac{v_8^2}{2g}}$。

（二）文丘里流量计

文丘里流量计由收缩段、喉道、扩散段组成。计算公式参见第一章中流量测量的相关内容。

（三）沿程阻力系数测量

在实验台中安装了 3 根不同材料的管道进行沿程阻力系数的测量。在图 5-3 所示实验管路中，对 9 - 10，11 - 12，13 - 14 断面分别列伯努利方程得

$$h_f = \left(z_{i+1} + \frac{p_{i+1}}{\rho g} + \frac{\alpha_{i+1} v_{i+1}^2}{2g}\right) - \left(z_i + \frac{p_i}{\rho g} + \frac{\alpha_i v_i^2}{2g}\right) = \frac{\Delta p}{\rho g}$$

其中 $z_{i+1} = z_i$，$v_{i+1} = v_i$。由达西公式 $h_f = \lambda \dfrac{L}{d} \cdot \dfrac{v^2}{2g}$，得

$$\lambda = \frac{2gdh_f}{Lv^2}$$

式中：λ 为沿程阻力系数；

h_f 为实验段两断面间管道沿程水头损失；

d 为实验管道内直径；

L 为实验管道长度。

将不锈钢管换为铁管同样可得铁管的沿程阻力系数。将 4 种不同管道的沿程阻力系数 λ 与雷诺数 Re 的关系曲线绘制在同一张表上，并进行对比分析。

四、实验步骤

1. 水泵出水管上的分流阀全开，插上水泵电源插头，启动水泵。
2. 全开供水阀、出水阀，检查水差压计、电差压计是否正常。
3. 调节阀门 3～5 次，分别测记相应测压管读数和对应的流量及水温。
4. 关闭电源，打开出水阀，进行实验数据处理分析。

五、成果分析

1. 绘制流量 Q 和水头差 Δh 的关系曲线，分析管道串、并联时流量之间的关系。
2. 计算文丘里流量计的流量系数。
3. 在双对数坐标纸上绘制 4 种不同管道的 Re 和 λ 的关系曲线，并与莫迪图比较。

六、思考题

1. 4 种管道的 Re 和 λ 的关系曲线说明了什么？

实验三　管道瞬态特性测试分析实验

一、实验目的

1. 掌握仪器的使用方法，了解其工作原理，学会使用配套软件采集实验数据。
2. 测定仪器在快速阀门突然关闭（调压井阀开、关两种情况）情况下的管道沿程压强分布及压强传递过程。
3. 测定仪器在快速阀门突然打开（调压井阀开、关两种情况）情况下的管道沿程压强分布及压强传递过程。
4. 测定仪器在快速阀门正常开度情况下的压强分布（流量不宜过小），并与突然开、关时的压强分布进行比较分析。

二、实验设备

管道瞬态特性测试仪原理如图 5-6 所示，图 5-7 为实验台照片，为使计算机能实时采集瞬态压强，将图 5-6 中的测压管改成测压传感器。

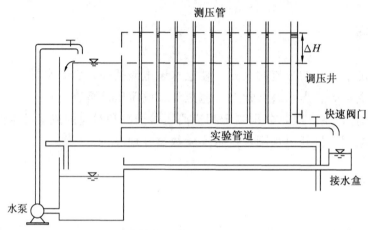

图 5-6 管道瞬态特性测试仪原理图

图 5-7 管道瞬态特性测试仪照片

三、实验原理

管路瞬态特性测试仪采用 12 个压力传感器，将管路瞬态开、关时的压强分布通过转换器传给计算机，计算机根据专用软件对数据进行处理，并同时显示出管路压强变化曲线和压强变化相关数据。同时通过调压井装置显示阀前压强变化过程。由于设有恒压装置，因而可对阀门不同开、关状态下的管路瞬态特性加以比较分析，并对调压筒工作和不工作状态下的管路瞬态特性加以比较分析。

四、实验步骤

1. 接通电源，打开转换器电源开关，再打开电脑，运行管道瞬态特性程序，设定相关参数（连续测定次数为 10 次）。

2. 开启水泵，使水箱有溢水，打开出水阀，排除管道空气。

3. 迅速关闭打开的快速阀门（先关闭调压井阀），同一瞬时点击电脑程序上的"开始"按钮，仪器将自动连续采集 10 组管道内关阀瞬间的压强变化值，并自动记录数据和绘出压强变化曲线。

4. 将电脑上测定的数据保存到相应文档。

5. 再在打开调压井阀的情况下重复 3，4 步骤。

6. 分别在调压井阀关闭和打开的两种情况下，迅速打开关闭的快速阀门，重复 3，4 步骤。

7. 分别在调压井阀关闭和打开的两种情况下，测记快速阀门全开时的管道压强分布，记录相关数据。

8. 观看快速阀门关闭时，管道上各点的压强分布。

9. 关闭水泵开关，拔下电源插头，关闭转换器电源，打印出相关数据和图表。

10. 进行数据处理分析。

五、实验数据和表格

实验数据和表格由电脑打印出。

六、成果分析

1. 分析管道快速阀门突然关闭的情况下，管内压强变化的过程和规律。
2. 分析管道快速阀门突然打开的情况下，管内压强变化的过程和规律。

七、思考题

1. 观察快速阀门突然打开情况下的压强分布图，在调压井阀关闭和打开的两种情况下有何异同？

2. 观察快速阀门突然关闭情况下的压强分布图，在调压井阀关闭和打开的两种情况下有何异同？

3. 快速阀门常开时，在调压井阀关闭和打开的两种情况之下，压强分布与理论所述分布是否一致？为什么？

实验四　小型水泵性能综合实验

　　小型水泵性能综合实验台为闭式回路实验台，按 GB 3216 标准设计、制造与安装，可做水泵的型式实验（包括运转、性能、汽蚀及噪声和振动实验等）。主要测量仪表为涡轮流量计、压力变送器、数字式转矩转速传感器、数字式温度计、磁翻转液位仪等。结合相应的板卡，可在计算机上实时采集转速、转矩、轴功率等参数，由打印机输出。

　　从实验教学的角度出发，为充分理解理论知识，要求把各传感器的数据采集下来，记录在相应的表格（或电子表格）中并计算数据，用手工绘出相应的实验曲线，或将实验记录的数据输入计算机内，进行数据计算并打印成曲线图。

　　小型水泵综合性能实验台如图 5-8、图 5-9 所示，可做如下 3 个泵的实验项目：A. 水泵性能实验；B. 水泵变转速性能实验；C. 水泵汽蚀性能实验。

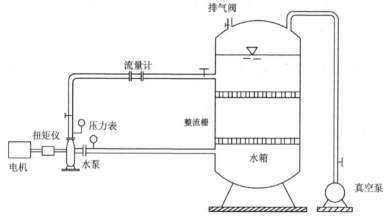

图 5-8　小型水泵性能综合实验台系统图

图 5-9　小型水泵性能综合实验台照片

A 水泵性能实验

一、实验目的

1. 了解实验系统的整体构成、主要仪器设备的性能及使用方法。
2. 掌握泵基本实验方法及各参数的测试技术。
3. 绘制泵的性能曲线。

二、实验原理

水泵性能曲线是指泵在一定转速 n 下，扬程 H、轴功率 P、效率 η 与流量 Q 之间的关系曲线，它反映泵在不同工况下的性能。

水泵在某一工况下运行时，其扬程 H、轴功率 P、效率 η 与流量 Q 有一定关系。当 Q 变化时，这些参数也随之变化。因此水泵实验时可通过调节流量 Q 来改变工况，从而得到不同工况点的参数，然后换算到规定转速下的参数，在同一幅图中作出 $H\text{-}Q$、$P\text{-}Q$ 及 $\eta\text{-}Q$ 关系曲线。

三、实验参数的测量与计算

水泵性能实验必须测量的参数有 Q，H，P 和 n，效率 η 则由计算求得。

1. 流量 Q

由涡轮流量计的显示仪表读出流量值，单位 m^3/s。

2. 扬程 H

由水泵进出口压力传感器及显示仪表得进出口压强值（Pa），扬程为

$$H = z_2 - z_1 + \frac{p_2 - p_1}{\rho g} + \frac{v_2^2 - v_1^2}{2g} \quad (\text{m } H_2O)$$

式中：z_1 为水泵进口高度，m；

z_2 为水泵出口高度，m；

p_1 为水泵进口相对压力，Pa；

p_2 为水泵出口相对压力，Pa；

v_1 为水泵进口截面的平均流速，m/s；

v_2 为水泵出口截面的平均流速，m/s。

3. 转速 n 及轴功率 P

由数字式转矩转速传感器读出转速 n（r/m）、转矩 M（N·m）及轴功率 P（W）值。

4. 有效功率（水功率）P_e

$$P_e = \rho g Q H \ (\text{W})$$

5. 效率 η

$$\eta = \frac{P_e}{P} = \frac{\rho g Q H}{P} \times 100\%$$

四、实验步骤

1. 打开排气阀（使液面与大气相通）。
2. 检查实验泵及各传感器与仪表是否正常。
3. 接通电源，开启变频开关，启动实验泵（电源频率设定在 50 Hz）。
4. 打开各测量仪表电源，使其正常工作。
5. 实验时，通过改变泵出口阀门的开度来调节工况，实验点应均布在整个性能曲线上，要求 13 个左右，并且应包括零流量和大流量工况点，实验的最大流量至少要超过泵规定流量的 20%。

开启（或者关闭）出口闸阀少许，每一工况测量一次，各仪表参数填写在记录表中，然后再做下一工况的测量，如此循环。

6. 实验完毕，先关闭仪表电源，再停止水泵运行。

五、绘制泵的特性曲线

整理测量的数据，填入表格中（换算至规定转速），在坐标纸上绘出 $H\text{-}Q$，$P\text{-}Q$ 与 $\eta\text{-}Q$ 曲线，并分析其特点。

B 水泵变转速性能实验

一、实验目的

1. 掌握水泵在改变转速后其特性曲线的变化规律。
2. 学习采用变频技术控制（调节）泵的转速，进一步验证泵理论中的比例定律。

二、实验步骤

本实验的和要求与"水泵性能实验"相同，在如下两种转速下进行实试。

1. 操纵变频器的远操盒，电源频率调至 45 Hz，做一组泵的性能实验（换算至

$n = 2\,600\ \text{r/m}$)。

2. 操纵变频器的远操盒，电源频率调至 40 Hz，做一组泵的性能实验（换算至 $n = 2\,300\ \text{r/m}$)。

3. 将以上两组曲线绘制在同一张坐标图上，对比分析其特点。

C 水泵汽蚀性能实验

一、实验目的

1. 掌握水泵汽蚀实验的原理、方法和技巧。
2. 学会使用仪器设备处理实验数据。
3. 确定泵在工作范围内，流量 Q 与汽蚀余量 $NPSH_c$ 的关系，并绘出其关系曲线。

二、实验原理

由泵的汽蚀理论可知，在一定的转速 n 和流量 Q 下，泵的必需汽蚀余量 $NPSH_r$ 是一个定值，当泵汽蚀时装置的有效汽蚀余量：$NPSH_a = NPSH_r = NPSH_c$，$NPSH_c$ 就是求得的临界汽蚀余量，最后得到汽蚀性能曲线 $NPSH_c$-Q。

实验时，泵通过吸水管从汽蚀筒中吸水，出水经压力管路回到汽蚀筒中，流量由闸阀调节。实验过程中保持流量 Q 不变，并用真空泵抽除汽蚀筒内的空气，不断降低作用于液面上的压强 p'，以此减小 $NPSH_a$，使泵发生汽蚀。当 p' 下降到 $\left(2 + \dfrac{K}{2}\right) H\%$（$K$ 为型式数）时，对应的 $NPSH_a$ 值即为该流量下的 $NPSH_c$ 值。

三、实验参数的测量与计算

实验时要测量的参数有 H，Q，n，H_s，水温 T，环境大气压 p_a 和 $NPSH_a$。

1. 流量 Q、扬程 H、转速 n 及轴功率 P 的测量同水泵性能实验。
2. 吸入真空度 H_s。

由泵进口显示压力表读出 p_1(Pa)，则

$$H_s = \frac{p_a - p_1}{\rho g} - h \quad (\text{m 水柱})$$

式中：h 为液面至变送器中心的几何高度，m。

3. 水温 T 与环境大气压 p_a。

T 由数字式温度计读出(℃)，环境大气压 p_a 由大气压力计读出(Pa)。

4. 有效汽蚀余量 $NPSH_a$。

$$NPSH_a = \frac{p_a - p_v}{\rho g} + \frac{v_1^2}{2g} - H_s \quad (\text{m 水柱})$$

式中：p_a 为环境大气压强，Pa；

p_v 为实验温度下的液体汽化压强（可根据水温表查表得到），Pa；

H_s 为吸入真空度，m 水柱；

v_1 为泵入口处液体的平均流速，m/s。

5. 型式数 K。

$$K = \frac{2\pi n \sqrt{Q}}{60(gH)^{3/4}}$$

式中：n 为转速取 2 900 r/m；

Q 为泵设计流量，m^3/s（查泵铭牌）；

H 为泵设计扬程，m（查泵铭牌）；

g 为重力加速度。

四、实验步骤

1. 做好启动泵机组前的准备工作，检查设备仪器是否正常。

2. 启动实验泵，打开闸阀把流量 Q 调到某定值，记下各测量仪表的初始读数。

3. 关闭排气阀，打开真空泵球阀，开启真空泵抽真空，则泵进口负压不断上升，取一定的 H_s 间隔，逐次记录各测量参数填入表格中，直至泵开始发生汽蚀为止。中间记录 7~8 组的数据，当接近临界汽蚀状态时，测点应当密些。

4. 调节阀门，在 3~5 个不同的 Q 值下重复上述实验过程，以测得不同 Q 值下的 $NPSH$ 值。

5. 实验完毕，先关闭仪器仪表电源，再停泵并打开排气阀。

五、注意事项

1. 在实验过程中，要随时注意 Q 是否改变，若发生变化应及时调整。

2. 测每一工况时，必须同时采集数据。

3. 当泵发生汽蚀时，实验动作要迅速，不应使泵长时间在汽蚀状态下运行。

六、绘制 $NPSH$ - Q 曲线

根据测量及计算的数据，首先确定 $NPSH_c$，然后绘出 H - $NPSH_a$ 及 $NPSH_c$ - Q 曲线。

实验五　翼型空气动力特性测定实验

一、实验目的

1. 了解使用应变天平测量气动力的方法。
2. 测量二元翼型的气动力，加深对二元翼型表面压强分布和气动特性的认识。
3. 测量全机模型纵向气动力特性。
4. 了解使用工业控制机对风洞风速和模型姿态角的控制，以及信号采集及处理的基本方法。

可做如下两个实验项目：A. 二元翼型气动力特性测定实验；B. 三元翼型气动力特性测定实验。

二、实验设备

本实验采用的设备是低速闭口回流式风洞，其原理图和照片分别如图 5-10、图 5-11 所示。

1. 风洞主要几何参数。

实验段为开闭两用，其中闭口实验段：宽×高×长＝1.4 m×1.0 m×4.5 m；开口实验段：宽×高×长＝1.4 m×1.0 m×2.9 m。

2. 风洞动力系统。

电机功率 75 kW（6 极），桨叶数 8 片。

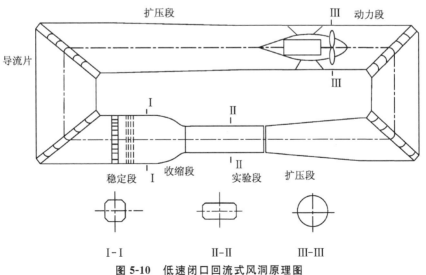

图 5-10　低速闭口回流式风洞原理图

图 5-11 低速闭口回流式风洞照片

3. 控制和数据采集系统。

由计算机、风速传感器和变频组成开环控制系统对风速进行控制。姿态控制由计算机、步进电机分别带动模型支撑系统做垂直和水平面内转动（迎角 α 和侧滑角 β）。数据采集系统由天平和压力传感器输出信号，通过信号调理器及高精度稳压电源对信号进行滤波放大后，送入数据采集卡变为数字量，进入计算机处理器处理。

4. 流场主要技术指标。

主要技术指标	闭口试验段	开口试验段
最大速度 $v_{max}/(\mathrm{m/s})$	50	40
最小稳定速度 $v_{min}/(\mathrm{m/s})$	5	5
轴向静压梯度 $\mid \mathrm{d}C_p/\mathrm{d}x \mid /(1/\mathrm{m})$	$\leqslant 0.005$	$\leqslant 0.003$
场系数 μ_i	0.004 5	0.005
平均气流偏角 $\mid \alpha \mid$	$\leqslant 0.5°$	$\leqslant 0.2°$
平均气流偏角 $\mid \beta \mid$	$\leqslant 0.5°$	$\leqslant 0.2°$
时间稳定性 η	0.005	0.000 5

A 二元翼型气动力特性测定实验

一、实验原理

（一）翼型参数

本实验采用的翼型为 NACA0012 全铝模型，翼展长 980 mm，弦长 250 mm，翼型最大厚度 30 mm，翼面积 0.245 m²，旋转中心离前缘 62.5 mm，可做测压和测力实验，如图 5-12所示。

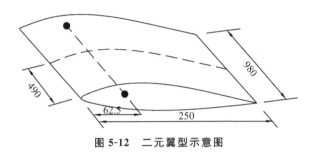

图 5-12　二元翼型示意图

（二）测压实验

在中间剖面上、下翼面各开有 13 个测压孔，前缘开有 1 个测压孔。测出的表面压强换算成压强系数，即

$$C_p = \frac{p_i - p_\infty}{\frac{1}{2}\rho v_\infty^2}$$

式中：p_i 为测点处的表面压强，Pa；

　　　p_∞ 为来流静压（取实验段入口处静压），Pa；

　　　v_∞ 为来流速度（取实验段入口处速度），m/s；

　　　ρ 为空气密度，kg/m³。

用多管压力计测量翼型表面上各点的压强。以测点在翼弦上距前缘的相对距离（$\frac{x_i}{b} \times 100\%$，$b$ 为弦长，x_i 为距前缘距离）为横坐标，以 C_p 为纵坐标，绘制翼型表面压强分布曲线。

（三）测力实验

使用盒式天平进行阻力、升力和俯仰力矩的测量。在 $v=0$ 时，记录阻力、升力和俯仰力矩的零读数 $D_0(F_{x0})$，$L_0(F_{y0})$ 和 M_{z0}，单位 mV，在实验风速时，记录阻力、升力和俯仰力矩的读数 $D_i(F_{xi})$，$L_i(F_{yi})$ 和 M_{zi}，单位 mV，则模型阻力 D、升力 L（单位 N）和俯仰力矩 M_z（单位 N·m）分别为

$$D = K_x(D_i - D_0), \quad L = K_y(L_i - L_0), \quad M_z = K_{M_z}(M_{zi} - M_{z0})$$

式中：K_x，K_y 和 K_{M_z}——天平校准系数，单位分别为 N/mV 和 N·m/mV，由天平校准时给出。

于是可求得阻力系数 C_D、升力系数 C_L 和力矩系数 m_z 为

$$C_D = \dfrac{D}{\dfrac{1}{2}\rho v_\infty^2 A}, \quad C_L = \dfrac{L}{\dfrac{1}{2}\rho v_\infty^2 A}, \quad m_z = \dfrac{M_z}{\dfrac{1}{2}\rho v_\infty^2 Ab}$$

式中：A——翼型面积，m^2；

b——翼型平均气动弦长，m。

二、二元翼型实验方法和步骤

1. 了解风洞的组成及开车程序。
2. 安装二元翼型模型，改变模型迎角 α，测量翼型表面压强分布。模型安装如图 5-13、图 5-14 所示。

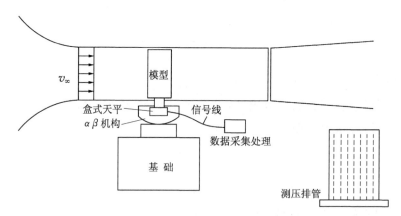

图 5-13　二元模型安装示意图

图 5-14　二元模型安装照片

3. 准备工作检查无误后，开始实验。

三、二元翼型实验数据及处理

（一）测压实验数据

二元翼型测压数据表（攻角 $\alpha=$ ____°，来流速度 $v_\infty=$ ____ m/s）

上面测点	1	2	3	4	5	6	7	8	9	10	11	12	13
p_∞													
p_i													
C_p													

下面测点	1	2	3	4	5	6	7	8	9	10	11	12	13
p_∞													
p_i													
C_p													

（二）测力实验数据

二元翼型测力数据表（攻角 $\alpha=$ ____°，来流速度 $v_\infty=$ ____ m/s）

测次	C_D	C_L	m_z
1			
2			
3			

四、测压、测力实验数据处理，撰写实验报告

绘制上、下翼型表面压强分布曲线，翼型的 C_D-α，C_L-α，m_z-α 关系曲线，并写出实验报告。

五、测压、测力实验结果分析与讨论

1. 从压强分布曲线如何判断翼型流动已开始分离和整个翼型失速？

2. 实验结果与 NACA0012 标准测力曲线对比有何差异？原因是什么？如何提高实验的精准度？

B 三元翼型气动力特性测定实验

一、实验原理

（一）三元模型参数
三元模型参数选用国内低速标模 DBM-01，模型比例 1:3，全铝制模型。

模型主要参数

机翼		机身	
展弦比	3.0	长	0.609 6 m
梢跟比	0	最大直径	0.050 8 m
翼型	NACA0003.5-63	长细比	12
面积	0.041 3 m²	平尾	
平均气动力弦	0.156 5 m	面积	0.009 0 m²
展长	0.351 9 m	翼型	NACA0004-64
全机力矩参考中心	0.375 b	平尾尾臂（平尾 b/4 到力矩参考中心距离）	0.234 7 m

（二）测力实验

三元模型测力为 6 个分量测量，除上述 $C_D(C_x)$，$C_L(C_y)$ 和 m_z 外，还有侧力系数 C_z、偏航力矩系数 m_y、滚转力矩系数 m_x 3 个分量，其表达式分别为

$$C_x = \frac{F_x}{\frac{1}{2}\rho v_\infty^2 A}, \quad C_y = \frac{F_y}{\frac{1}{2}\rho v_\infty^2 A}, \quad C_z = \frac{F_z}{\frac{1}{2}\rho v_\infty^2 A}$$

$$m_x = \frac{M_x}{\frac{1}{2}\rho v_\infty^2 Al}, \quad m_y = \frac{M_y}{\frac{1}{2}\rho v_\infty^2 Al}, \quad m_z = \frac{M_z}{\frac{1}{2}\rho v_\infty^2 Al}$$

式中：l 为机翼翼展，m。

二、三元模型实验方法和步骤

1. 了解风洞的组成及开车程序。
2. 安装模型及天平。
3. 改变模型迎角 α 和侧滑角 β，测量模型阻力、升力、侧力、俯仰力矩、偏航力矩和滚转力矩。测力实验用计算机控制和采集数据。模型及安装如图 5-15、图 5-16 所示。

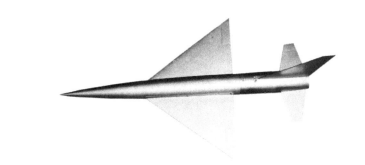

图 5-15　三元模型照片

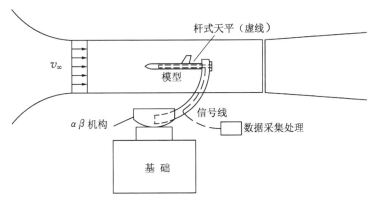

图 5-16　三元模型安装示意图

三、实验步履

1. 运行程序开车和测量指令，启动风洞并进入程序控制和测量，实验完成，程序自动停车。

2. 调出实验数据并显示曲线，进行初步分析。如结果正确，进行改变侧滑角 β 实验。

3. 全部实验完成后，退出计算机程序，关闭电源。

四、三元翼型实验数据及处理

三元翼型实验数据

测次	α	β	C_x	C_y	C_z	m_x	m_y	m_z
1								
2								
3								

五、完成实验报告

绘制 C_x-α，C_y-α，C_z-α，m_x-α，m_y-α，m_z-α 关系曲线，并写出实验报告。

六、实验分析与讨论

1. 实验结果与国内标准比较，有何差异？原因是什么？如何提高实验的精准度？

2. 闭口风洞洞壁边界层增长会对阻力测量产生什么影响？

3. 闭口风洞和开口风洞有何不同？

参 考 文 献

[1] 罗惕乾. 流体力学 [M]. 第 4 版. 北京：机械工业出版社，2017.

[2] 奚 斌. 水力学：工程流体力学实验教程 [M]. 北京：中国水利水电出版社，2013.

[3] 周光坰. 流体力学 [M]. 第 2 版. 北京：高等教育出版社，2000.

[4] 张也影. 流体力学 [M]. 第 2 版. 北京：高等教育出版社，1999.

[5] 莫乃榕. 工程流体力学 [M]. 第 2 版. 武汉：华中理工大学出版社，2009.

[6] 范吉川，等. 流动显示与测量 [M]. 北京：机械工业出版社，1997.

[7] 朱仁庆. 实验流体力学 [M]. 北京：国防工业出版社，2005.

[8] 贺五洲. 水力学实验 [M]. 北京：清华大学出版社，2004.

[9] 杨敏官，珲锋，罗惕乾，等. 流体机械内部流动测试技术 [M]. 北京：机械工业出版社，2006.

[10] 毛根海. 应用流体力学实验 [M]. 北京：高等教育出版社，2008.